JN097869

問題解決のための
データサイエンス入門

松田稔樹・萩生田伸子

実教出版

もくじ

ま え が き

「ルパンⅢ世」というアニメーションドラマで，人工知能（AI）とルパンが対決するという内容が扱われたことがある。このトピックは，最近も扱われたが，私が見たのは1世代前のAIブームの頃だった。ルパンの手口をAIが予測し，最初は何度も捕まりそうになるのだが，やぶれかぶれで思いつきにまかせて行動することで，AIに勝つというストーリーである。これは，人間がAIを上回るには，データに基づく予測を超えた創造性が必要だということを暗示しているようにも思える。もう，数十年も前のことだが。

本書は，データ分析の方法を学ぶ本である。なのに，ルパンの話は，「これからの人に求められる能力は，データ分析の上をいく能力だ」と言っているかのようである。確かに，データ分析の結果が一意に定まる〜正解がある〜と考えればそうかもしれない。残念ながら，ルパンの手口は一通りではない。つまり，「こうくるかもしれないし，別の手口でくるかもしれない」という予測しかできない。全ての手口に対応しようとすると，警官がいったい何人いるだろうか。チェスや将棋でAIが勝てるのは，一手一手を順番に打つからである。一手打つごとに相手の手を読むための情報が得られるが，データ分析は，ある時点で得られた断片的で誤差を含むデータから，さまざまな可能性を考えねばならない。どう解釈するかは，人の判断に委ねられる。

そういうわけで，本書では，データ分析を問題解決の一種だと考える。ここで言う問題解決は，数学の問題を解いたり，科学的真理を探求したりするのとは異なる。むしろ，私たちには身近な「今度の旅行，どこに，どういう計画で行くのがいいか」といった問題解決である。旅行の行き先に正解は無いし，同じところにいくにも，いろいろな行き方や宿泊先，楽しみ方がある。そして，人間とAIの最大の違いは，当初予定していた計画からズレても（あるいは，ズレがあるからこそ）一層，楽しいと感じられたりできることである。私たちが旅行計画を立てる時，寸分の狂いもなく確実に実行できるプランを立てようとする人もいれば，ハプニングが起きることを期待しながらプランを立てる人もいる。そこには正解があるわけではなく，また，計画通りにいかないと成功とは言えない，というわけでもない。

とは言っても，どんな計画を立ててもいいわけではないし，いっそのことノープランで行くのがいいというわけでもない。どんなにハプニングが楽しくても，5万円で旅行するはずが，15万円かかったのでは楽しみよりも後悔だけが残るかもしれない。それ故，旅行計画を立てる。そのために役立つ情報をまず集め，分析し，複数の計画を評価し，比較することなどが大事になる。問題解決の過程には，原則としてこのよ

うな作業が必要になる。

　もちろん，情報を分析してから，集めるというようなことは通常考えられない。情報を集めて，それを分析するのが当然だろう。問題になるのは，集めて分析し，また集めて分析し，さらに，…と繰り返すことである。旅行に行く時に，どこに行きたいかを聞いて場所を決め，費用について聞いて上限を設定し，食事付きの宿かお店で食べるか聞いてから宿を探す，…といったことをやっていたら，良い宿は他の人に先に予約されてしまう。だから，作業を効率的にやる方が，良い解にたどり着ける可能性は高くなると想像できる。

　作業を効率的にやる必要があるのは，結局，問題解決には時間制限があるからである。レポートを書く，論文をまとめる，旅行の計画を立てるなど，どんな時にも締め切りや期限がある。時間をかけて，緻密に，かつ徹底的にデータ分析をするのが常に良いとは限らない。ある程度納得できる（説得力がある）分析を，より早く，正確にやる必要がある。それが本書の目指す「問題解決的なデータ分析の方法」である。その意味で，本書は，「問題解決には一定の妥協が必要だ」という立場に立つ。それ故，統計の専門家の先生からはお叱りを受ける可能性も無いとは言えない。なぜこの方法を使うのか，この方法がより適切ではないか，こういう問題点は検討したのか，などの批判である。

　お叱りを受けるついでに言ってしまうと，これまでの統計分析の本は，とにかく統計手法を使いましょう（使い方を指南する本）や，統計手法を使うならここまで理解してから使いましょう（理解できない人は使ってはいけません）という両極端の本が多かったと感じる。しかし，小学生に「計算する目的を考える前に，とにかく計算することに意味がある」というのも，「計算間違いする位なら足し算なんか使うな」というのも，どちらも教育的には不適切だろう。初めから完璧に使えるわけではないが，使いながらより適切な使い方を学ぶのがいいですよ，というのが本書の立場である。問題がある時，それを放置しておけば，状況はより悪くなる恐れがある。問題があるなら，その解決に取り組みながら，より良い方法を身につけていく，それこそが問題解決的な学習方法だと言えるだろう。

　一方，本書の立場は，単に「やっているうちに自ずと身につく」という考え方もとらない。より良い方法を身につけるには，より良い方法とはどんなやり方かを明示することが大事だと考える。ただし，データ分析にマニュアル的なやり方は通用しない。問題解決は，達成すべき目標や制約条件に即して行う必要があるが，その目標や条件が毎回異なるから問題解決なのである。それ故，本書が示すやり方は，基本的な手順や，見方・考え方などであり，状況に応じてそれらの意味を解釈し，より具体的に言い替えた上で活用する必要がある。もちろん，活用する時には，統計的な専門知識も

必要になる。ただし，統計的な専門知識については，最低限の知識を覚えておき，必要ならば個々の問題の特性に応じて Web 上の解説や，より専門的な統計書などを参照すればよい。

　以上の考え方に基づき，本書が参照する問題解決の方法は，次の「問題解決の縦糸・横糸モデル」である。このモデルは，数学的な問題解決や科学的な問題解決，対人コミュニケーションなど，さまざまな問題解決に共通する基本的な枠組みを示している。

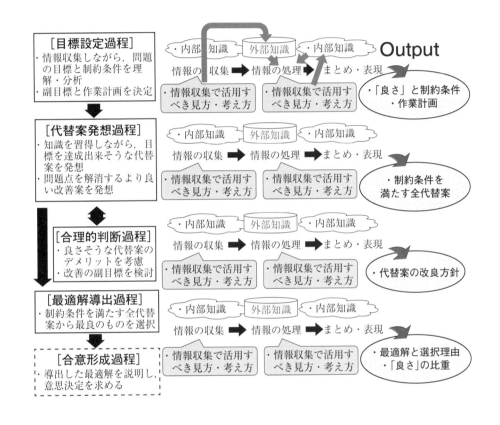

　本編では，このモデルを統計的データ分析のためにより具体化，詳細化したバージョンを用いる。例えば，「活用すべき見方・考え方」としては，統計的な見方・考え方に加えて，数学的な見方・考え方や情報的な見方・考え方を具体的に示す。情報的な見方・考え方はコンピュータやネットワーク環境等の情報技術を効果的に活用し，作業をより良く進めるための見方・考え方である。内部知識や外部知識には，もちろん，統計的な専門知識が含まれるが，さまざまな問題解決に共通するより良い問題解決のための汎用的な知識も含まれる。

　本編の各章と問題解決の縦糸・横糸モデルとの関係を説明すると次のようになる。

　第 1 章は，なぜ上のような手順で問題解決を行うのか，具体例に即して自分なりに

良い作業手順を考え，作業後にふり返ってどんな良さが達成されたり，損なわれたりしたかを評価する。第1章のもう1つのテーマは，データ・クリーニングである。これは，本格的な分析に取り組む前に，データにエラーが無いか確認し，また，今後の分析方針を考えるために，データの特徴を把握する作業である。複雑な統計分析に取り組むようになると，平均値や度数分布など，基本統計量やグラフなどを算出・作成する作業を省略する人が出てくるが，時間をかけても良い分析結果が出ない原因は，そもそもデータの特徴をよく理解しないで分析を始めることにある。データ・クリーニングは，それ自体が問題解決であるとともに，データ分析全体の中では目標設定過程の一部にあたる。

　第2章は，まず，扱うデータを量的データとして扱うべきか，質的データとして扱うべきかを検討する。その上で，項目と項目との関係を分析する方法を考えながら，代替案発想過程と合理的判断過程についての理解を深める。この2つの過程は，「この方法が使えるんじゃないか」「でもこういう問題は無いか」と自分一人で押し問答をする過程である。このような発想をする時のヒントになったり，チェックの観点になったりするのが，見方・考え方である。もちろん，実際に分析して結果を見ないと，良いのかダメなのか分からないこともある。そういう試行錯誤を効率的にやるために，統計ツールの活用が必要になる。本書では，主に，表計算ソフトやRコマンダー（Rcmdr）の活用を想定する。

　第3章は，異なる2つの指導法の教育効果を検証する場合などを想定して，第1章や第2章で扱った検定やクロス集計を用いる方法と，分散分析という手法を比較しながら，それぞれのメリットや利用上の留意点を検討する。本章では，最適解導出過程で，分散分析の結果をレポートに記述する時の結果の示し方についても触れる。

　第4章からは，いわゆる多変量解析という手法を扱う。この時，それまでの章で扱った統計手法の知識の範囲ではどこまで目的が達成できるか，も代替案として検討するようにした。また，多変量解析では，同じ手法の範囲内で，さまざまな計算手法やオプション指定があるため，それらの選択についても，代替案として検討し，また，批判的に検討してより適切なものを選択する方法を示した。活動終了後のふり返り過程では，一連の作業を典型的分析パターンとしてまとめることを試みた。

　第4章の回帰分析は，ある変数の値を別の変数（群）の値で予測したり推定したりすることを可能にする方法である。数学で学ぶ関数的な見方・考え方を実現する方法の1つだと言える。回帰分析そのものは，あくまでも帰納的に（過去のデータに基づいて）当てはまりの良い式を求めるもので，そのような式になる理由についてはブラックボックスのままである。しかし，分析に投入する変数の選択などを通じて，因果仮説を立てるヒントは得られるかもしれない。

第5章の因子分析や主成分分析が使われる典型的な場面は，調査や実験に用いた変数の数が多い場合に，データの特徴を少数の観点に集約して全体の傾向を把握したい時である。例えば，100人の特徴を10個の変数で見るよりも，3つの観点で見る方が，タイプ分けは容易になるだろう。世の中には，さまざまな人がいるのに，とかく二分法で見てしまうのも，その方が複雑に考えずに済むからである。なお，回帰分析も，ある意味で，目的変数と関係の深い少数の説明変数を見つける手法だとも言える。因子分析や主成分分析をして観点を絞り込んだ後，さらに，他の目的変数に関係の深い観点を回帰分析で見いだすという使い方もありうる。もちろん，見いだした観点について，男女差や実験条件による差を1章から3章で学んだ手法で評価することもできる。

　第6章はクラスター分析を扱う。一般的には，第5章で扱う手法は変数をまとめ，クラスター分析は回答者（など）をまとめるのに使われるが，クラスター分析は，とにかくデータを元に似たものをグルーピングするという目的を達成するために使われるので，変数をグルーピングすることに使っても間違いとは言えない。ある意味で，うまくグループが作れれば細かいことは言わない，という結果オーライな手法だと言える。なぜそのようなグループになるのかは計算過程からは分からないので，グループ間で変数の基本統計量などを比較し，グループの特徴を把握する。

　第7章では，第6章までに習得した全ての手法を総合的に活用し，卒論などの研究テーマに取り組む（問題解決する）方法を扱う。

　ここでは，統計手法を学ぶことよりも，問題解決の縦糸・横糸モデルに即して研究テーマを発想し，データを収集し，それを統計手法を活用して分析する手順やその時の発想法を学ぶことに重点がある。同じ研究テーマからさまざまな研究方法が発想できること，それによって収集すべきデータや分析方法も変わることについて体験して欲しい。

　さて，ここまで，この前書きの初稿を書いたのは，もう2年以上前である。もともと2年以上かけて出版する計画だったのかと言うと，決してそうではない。その意味で，本の出版という問題解決に必ずしも成功していないではないかと言えば，全くその通りである。これは，執筆者陣そのものが，まだ，問題解決に十分習熟できていなかったことに原因があるだろう。それ程，問題解決は難しいし，本などの文献を読んだだけで身につくものではない。何度も失敗しながら，しかし，どこは成功したのか，どこで失敗したのか，その原因は何かをふり返り，問題解決過程を改善する努力が何より大事である。そして，その問題解決過程をふり返るための参照基準として，縦糸・横糸モデルや，本書の分析過程の事例を参考にしてもらえればと思う。改善しようと

いう意思とともに，改善に必要なメタ認知能力（自分で自分の活動を客観的に評価し，改善の方向性を考える力）を身につけることが大事だからである。

　そんなわけで，本書の発行では，実教出版の編集担当者に多大なご尽力や調整をして頂いた。ここに記して感謝する次第である。また，本書の内容を改善する上で，東京工業大学で開講している「心理・教育測定演習」を履修した学生の方々には，本書の内容をベースにしたゲーミング教材を体験してもらい，実際にデータ分析してもらった結果を発表・討論してもらった。その中から，内容を改善するのに役立つヒントも多く得られた。その意味で，それらの学生さんたちへの感謝も記しておきたい。

　本書の主題は，問題解決であり，データ分析はその文脈の１つである。よって，問題解決の手法として，数学的な手法，科学的な手法，情報技術を使った手法，プレゼンテーション技術を使った手法を使う時も，同様に考えることができる。本書にも繰り返し出てくる「表現の変換」を使って，さまざまな問題解決に学習成果を転用することを期待している。

監修者代表　松田稔樹

第1章

なんでいまさら平均値？

平均値の求め方やグラフの描き方は，中学校までに学びました。でも，平均値を使うのが適切でない場合があることを知っていますか？　さまざまな統計量やグラフは，データの特徴を表すためのものです。ここでは適切な活用方法を理解しましょう。[基本統計量，ヒストグラム，平均値と分散の検定]

1．基本統計量と仮説検定

1.1 基本統計量とは？

★注意！

あなたは「はじめに」を読みましたか？ 本文を読む前に必ず読みましょう！

表1は，ある高校の，A組とB組の生徒各40名，合計80名全員に，英語の授業の前と後に実施したテストの結果です。この表にある「出席番号」や「性別」，「各テストの得点」は，人によって異なる値をとり，一般に変数と呼ばれます。

表1　ある高校の英語のテストのデータ

クラス	出席番号	性別（男1 女0）	事前テスト	事後テスト
A	1	1	68	60
A	2	0	88	80
B	39	1	6	48
B	40	0	56	56

データが得られたら，各変数に対して**代表値**や**標準偏差**を求めます。これらは**基本統計量**[1]と呼ばれ，データの特徴を要約して表すのに使います。例えば，図1の3つのデータのうち①と②を比較すると，山の頂のある位置はほぼ同じですが，山の形状が異なります。この特徴の違いは，代表値がほぼ同じで標準偏差に違いがある，という形で表れます[2]。一方，③と他の2つを比較すると，①と②は左右対称，③は左に分布が偏っているという違いがあります。この違いは，3つの代表値がほぼ同じ値になるか，異なる値をとるか，という形で現れます[3]。

1) 基本統計量：高校までに学習した代表値（平均値，中央値，最頻値），最大値，最小値，度数，分散，標準偏差，四分位数が該当する →巻末注1

2) 一般に，特徴は他と比較することで明らかになる。

3) 分布が完全に左右対称で，頂上が1つのみの場合，平均値，中央値，最頻値は一致する。

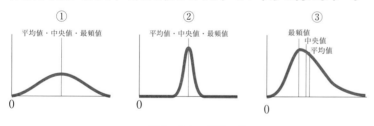

①　　　　　　　②　　　　　　　③

図1　分布の概形の例

データが得られたら基本統計量を求めますが，表1の各テストの得点とそれ以外の変数とでは，求める意味のある基本統計量が異なります。例えば，出席番号は同じクラス内で全員に異なる番号を割り振りますから，代表値を求めても役に立ちません。以下の節で，各基本統計量の役割や特性を理解し，それらを活用する準備をしましょう。

1.2 度数分布表とヒストグラム

代表値や標準偏差を使ってデータの分布を適切に要約するには，分布

の特徴がどのようなところに表れるのか，表すべき特徴にはどのようなものがあるのかを知る必要があります。そのような特徴を視覚的に表すのがヒストグラムであり，その前提として表2のような度数分布表を作ります。

表2　度数分布表

階級	0点以上10点未満	10点以上20点未満	20点以上30点未満	30点以上40点未満	40点以上50点未満	50点以上60点未満	60点以上70点未満	70点以上80点未満	80点以上90点未満	90点以上100点未満	100点	合計
度数	0	0	2	3	6	8	6	3	2	0	0	30

度数分布表は，変数の値がとりうる範囲をいくつかの区間（階級）に分け，各区間にデータがいくつあるか（度数）を表形式にまとめたものです。区間の幅は等間隔が一般的ですが，そうでない場合もあります。同じデータでも階級の区切り方によって度数が変わります。**ヒトスグラム**[4]は，度数分布表の各階級の幅に比例して棒（長方形）の幅をとり，棒の面積が各階級の度数に比例した値になるように棒の高さを求めて隙間を空けずに図2のように表したものです[5]。

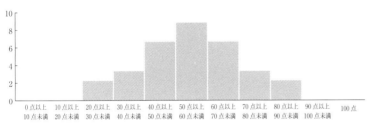

図2　ヒストグラムの例

分布の特徴としては，左右対称か非対称か，特定の階級に分布が集中して尖った形か幅広く分布してなだらかな形か，頂が1つか複数かなどがあります。図3や図4のように，とりうる値の上限や下限付近が分布の山の頂になる場合もあります。このような場合は，ほとんどの人が満点，あるいは，最低点に近い点数を取っており，テストが簡単すぎたり難しすぎたりして測りたい能力を測る役割を十分に果たしていない可能性（**天井効果やフロア効果**）を疑ってみる必要があります。

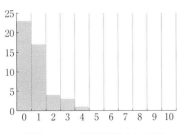

図3　フロア効果が見られる例

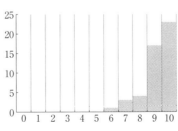

図4　天井効果が見られる例

1.3 代表値（平均値 6)，中央値 7)，最頻値 8)）

　ヒストグラムは分布の特徴を直感的に示しますが，紙面上でスペースもとりますし，作成の手間もかかります。一方，基本統計量は，Excelの関数で簡単に求まり，紙面が限られる時は基本統計量しか示されません。そこで，基本統計量から分布の特徴を読み取る力が大事になります。

　代表値は，文字通りデータの分布を代表する値として使われます。通常は**平均値**を使いますが，中央値や最頻値との隔たりが大きい時は分布の偏りなどがあるので，他の代表値の利用も考えます。頂きが1つで突出している場合は**最頻値**を使い，後述する四分位数や最小値・最大値と合わせて分布の特徴を示したいなら**中央値**を使うといいでしょう。

1.4 散布度（分散 9)，標準偏差 10)，範囲，四分位数 11) など）

　データが幅広く分布しているのか密集しているのかを表す**散布度**にもさまざまなものがあります。分散やその正の平方根をとった**標準偏差**は，各データとその平均値との距離に着目した値で，平均値と一緒に使います。**最小値**と**最大値**の両方を示したり，その差（**範囲**）を示すことでも，分布の幅を示すことができます。ただし，最小値，最大値は極端な値をとることがあるため，順位に着目して下から四分の一と，上から四分の一にあたる値をそれぞれ**第1四分位数**，**第3四分位数**として示すこともあります。中央値は二分の一にあたる値なので，これら5つの値を**箱ひげ図** 12) として表すこともあります。

1.5 仮説検定

　統計分析は，知りたい対象からデータをとって，その特徴を分析する手法です。国勢調査のように，知りたい対象全体からデータをとることを全数調査または悉皆調査といいます。一方，マスコミが実施する世論調査のように，一部の人を対象として調査する方法もあります。これを標本調査といいます。

　標本調査の場合，本来なら全数調査したい集団全体のことを**母集団**といい，母集団から抽出された一部のデータを**標本**といいます。標本が示す特徴は，母集団が持つ真の特徴との間で違いが生じる可能性があります。そのため，標本調査に基づいて何らかの結論を下す時には，違いが発生する可能性を考慮した**仮説検定**という手法を使います 13)。この仮説検定では，**帰無仮説**と呼ぶものに対応した**検定統計量**を計算し，その値が偶然性を考慮したある許容範囲を超えたら，帰無仮説を否定した対

6) 平均値：ある変数の全データの合計値をデータの個数で割った値。Excelで求める場合，数式ボックス左の *fx* をクリックし，［統計関数］から［AVERAGE］を選択。→巻末注3

7) 中央値：順位が全データの1/2の位置にあるデータがとる値。Excelで求める場合，数式ボックス左の *fx* をクリックし，［統計関数］から［MEDIAN］を選択。→巻末注4

8) 最頻値：データの中で最も出現頻度が高い値。Excelで求める場合，数式ボックス左の *fx* をクリックし，［統計関数］から［MODE］を選択。→巻末注5

9) 分散：ある変数の全データについて「平均値との距離の2乗」を求め，その合計をデータの個数で割った値。Excelで求める場合，数式ボックス左の *fx* をクリックし，［統計関数］⇒［VARPA］を選択。→巻末注6

10) 標準偏差：分散の正の平方根。Excelで求める場合，数式ボックス左の *fx* をクリックし，［統計関数］⇒［STDEVPA］を選択。→巻末注7

11) 四分位数：全てのデータを小さい順に並べて四つに等しく分けたときの三つの区切りの値。第2四分位数は中央値のことである。（Excelでの求め方→1章第2節側注11を参照）

12) 箱ひげ図の描き方：Excelの場合，データの範囲を選択し，「挿入」⇒「統計グラフ」⇒「箱ひげ図」を選択。

13) 仮説検定の手順：有意水準と帰無仮説／対立仮説の設定→検定統計量の計算→p値と有意水準の比較という作業を行う。→巻末注8

立仮説を採択します。この時の許容範囲は，偶然性を確率的に表した**有意水準**と，検定統計量が従う確率分布によって決まります[14]。

1.6 t 検定と F 検定

表1の事前・事後テストの間に行われた授業は，テスト内容に関わる指導と想定されるので，テストの平均点を比較して，成績が向上したかどうかを知りたくなるでしょう。事前，事後のそれぞれについて，男女差やクラス差があるのかに関心を持つ人もいるかもしれません。

指導の効果について結論を下す時，テストを受けた生徒に限った効果ではなく，より多くの生徒に対する一般的な結論を下そうとするなら，表1のデータは標本データと解釈されます。仮に，テストの点が母集団では正規分布する[15]と仮定できるなら[16]，上述の比較したい2群（事前 vs. 事後，男 vs. 女，A組 vs. B組など）のテストの平均値，分散，人数を使って求めた式の値（t値）[17]は，t分布に従うことが知られており[18]，その値を用いた検定を**t検定**と言います。

以上の説明で，t値を求める式は一通りと思ったかもしれませんが，比較したい2群がどのようなものかによって，用いるべき式は異なります。Excel や Rcmdr などの統計ツールを使う場合は，それを引数や選択肢で指定します。上に示した例では，男女差やクラス差を見る時には対応の無い t 検定を用い，2回ともテストを受けた生徒を対象に事前・事後を比較する時は対応のある t 検定を用います[19]。また，対応の無い t 検定では，2群の分散が等しい否かでも式が変わります。

その2群の分散が等しいかどうかを判断する時も，検定を用いる必要があります。この時に用いるのは F 検定と呼ばれるもので，2群の分散と人数の式で表される F 値が F 分布に従うことを使います。一般には，有意水準5%で対立仮説の採否を判断します。

指導の前後比較では，教育効果として「差がある」と期待します。期待する結果に対応する仮説を帰無仮説と考え，差がないことが対立仮説と考えがちですが，何が帰無仮説（で，何が対立仮説）かは，求める検定統計量や検定手法によって自ずと決まってきます。t 検定の場合，t 値を求める式は2群の平均値の差に関する式で，その値が図5に示す t 分布の端の方に当たる値をとる時（つまり，t が0から離れている時）に，偶然では

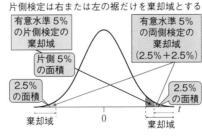

図5　両側検定と片側検定の棄却域

14）有意水準は，5%，1%，0.1% などがよく使われる。なお，有意水準5% に対応する p 値は 0.05 である点に注意すること。

15）正規分布の描き方：Excel の NORM.DIST 関数を活用して書くことができる。→巻末注9

16）正規分布かどうかの確認法：ヒストグラムまたは，Q-Q プロットを作成する方法がある。（Q-Q プロット→巻末注10）

17）t 検定の方法：t 値は統計分析用ツールなどで自動的に計算できるし，複数の式があるので，式の詳細は示さない。Excel で求める場合，数式ボックス左の fx をクリックし，［統計関数］⇒［T.TEST］を選択。

18）t 分布や F 分布：t 分布や F 分布には，自由度というパラメタがあり，自由度が異なると分布が変わる。→巻末注11

19）対応のある t 検定：異なる2群の比較というよりも，1つの群について「事後テスト − 事前テストの点」という新たな変数を作り，その平均値が0かどうかの検定をしていることになる。つまり母集団の平均値が0かどうかの検定になる。

起こりにくいとして対立仮説を採択します。なお，t 検定では，対立仮説として「差がある（A 群の平均値≠B 群の平均値）」の代わりに，「A 群の平均値＞B 群の平均値」とすることもできます。後者の場合は**片側検定**を，そうでなければ**両側検定**を行います[20]。対立仮説が採択される場合，「**有意差がある**」と言います[21]。

課題 1　次の A ～ E は 50 名の生徒に実施した 10 点満点のテスト結果の基本統計量です。A ～ E のデータに対応するヒストグラムを a ～ e から選びましょう。[22]

	A	B	C	D	E	F
平均値	4.9	5.0	6.4	3.6	5.0	5.0
中央値	5	5	7	3	5	5
最頻値	5	5	5	5	1	6
標準偏差	1.9	1.4	2.8	2.8	3.4	3.0
最大値	10	10	10	10	10	10
最小値	0	0	0	0	0	0
第 1 四分位数	4	4	5	1	2	3
第 3 四分位数	6	5.8	9	5	8	7

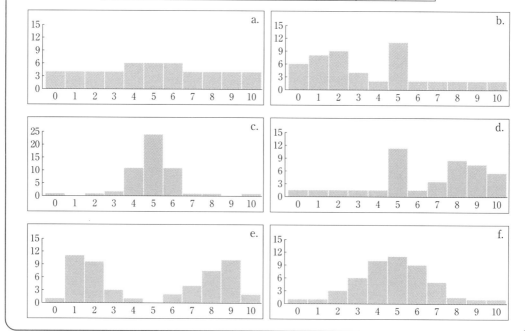

2．基礎知識を活用してみよう

統計の授業で，表1のデータを分析してみるという課題が出ました。早速，仮説検定を使ってみましたが，先生からこんなコメントが。

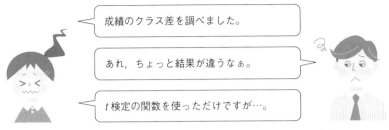

成績のクラス差を調べました。

あれ，ちょっと結果が違うなぁ。

t検定の関数を使っただけですが…。

あれ？　関数の範囲指定を間違ったのか，引数の指定を間違えたのか。

2.1 データを分析する前に

Excel の関数指定を見ても，間違っているところは無さそうです。ところが，次の回の授業で先生から言われたのは，「今回の課題では，リアルな体験をしてもらうために，私が手作業で入力したそのままのデータを使ってもらいました。国会でも問題になったことがありますが，回答ミスや入力ミスがあるデータをそのまま分析しては意味がありません。データを入手したら，まず，そのデータにおかしいところが無いかを確認する必要があります」ということだそうです。

一般に，行政機関などが提供しているデータには間違いがないと思い込みがちですが，ミスどころか改ざんしていたこともありました[1]。どんなデータも，おかしいところが無いか確認する癖をつけましょう。

データのおかしいところを見つけ，修正する作業を**データクリーニング**と呼び，基本統計量を求めることもその一環として行います[2]。例えば，100 点満点のテストで 101 点が最高点だったらおかしいですし，生徒が 80 人のはずなのに，度数が 75 ならば何かがおかしいですね[3]。

2.2 データの異常

本書では，自分で調査をして入力するのではなく，Web などで公開されているデータの活用を想定しています。したがって，本当は回答者が 3 と回答したのに 4 と入力されているといった場合まで調べることは想定しません。よって本書では，入手したデータに何らかの分析処理を行って異常値（おかしな結果）を検出することで，その原因となる誤記（おかしくなる原因）を探し，修正することを考えます[4]。

誤記としては，数字の 0（ゼロ）を英文字の O（オー）と入力した場合や，12 を 120 と入力した場合などが考えられます。誤記に関する仮

1) データ不正について2019 年に発覚した厚生労働省の「毎月勤労統計調査」の不正問題など，行政機関のデータに問題が発覚することは少なくない。

2) P.12 で述べた基本統計量を求める理由でもある。

3) このような場合は，回答用紙が無いので何が正しい値かわからない。入力ミスを減らすには，同じデータを 2 回入力して一致しているか確認するなどの方法がある。

4) 異常値は，分析結果ではなく，入力された値そのものがありえない値の場合，という捉え方もありうる。

説を立て，それを異常値として検出する工夫を考える必要があります。

2.3 データクリーニングの手順

⑴ データクリーニングの目標と条件を明確にする

データクリーニングをする前に，そのデータがどのような条件の下で収集されたのかを確認する必要があります。例えば，100点満点なのか，減点の結果として点数がマイナスになることもあるのか，テストを受けていない生徒もいるのか，対象者は何人なのか，などです[5]。これらの情報が明示的に与えられていなければ，自分で積極的に情報収集する必要があります[6]。情報が得られたら，それを分析することで異常値として検出できそうな，または検出すべき誤記に関する仮説を立てます。

表1のデータは，P.12の説明にある通り，A組とB組の生徒各40名全員に，英語の授業の前と後に実施したテストの結果です[7]。先生に確認したところ，事前・事後は同じテストで，1問4点の問題25問を正誤判定のみで採点したものだということがわかったとします。

以上より，今回のテストは100点満点で，28点や40点はあっても6点や30点など，4の倍数以外の点数は無いはずです。最低点は0点以上，最高点は100点以下でなければ異常値です。また，4の倍数以外の点数で1以上の度数があれば，異常値です。さらに，テストの点数は数値ですから，空欄や文字を入力していれば誤記になります[8]。2クラスで80人全員がテストを受けたので，数値データの度数を数えれば，事前・事後とも80件になるはずで，それ以外の値は異常値になります[9]。

以上で誤記を探す方針が決まりましたが，異常値を検出するには最小値・最大値や，度数などの基本統計量を求めることになります。それなら，他の基本統計量も求めて，分布に偏りが無いか，全体としてどんな形に分布しているか，事前・事後で平均値に違いがありそうかなども確認しておきたいですね。もしかしたら，側注9)の異常値には含まれないけれど，特定の点数の生徒が極端に多いなどのおかしな現象が見られるかもしれません。また，同時にいろいろな統計量を求めると，それらの間に整合性が無いと思える場合もあり，実は，入力した式が間違っていた（ミスを見つける作業でミスを犯していた）と気づくこともあります。

⑵ データクリーニングの作業計画を立てる

何か作業をする時には，必ず作業計画を立てましょう。まず，必要な作業や実施上の条件（期限や自分が使える時間，作業環境など）を確認します。今回は，表1のデータがExcelのファイルで手元にあり，基本統計量と異常値を検出するための4の倍数以外の度数を求める必要があ

ります。課題の締切は1週間後ですが，データクリーニング後に統計分析も行う時間を確保する必要があります。その間，日常の活動や他の授業の勉強をする時間を考慮すると，3時間以内に作業を済ませた方がいいかもしれません。また，異常値を見つけたら，どこに誤記があるかを調べて，どのように修正するかも検討する必要があります。もちろん，修正した後，異常値が無くなったかも確認しなければなりません。

　データはExcel形式なので，Excelか，データを読み込める統計ツールで処理するのが良いかもしれません[10]。しかし，関数は調べれば分かりますが，4の倍数以外の値の度数を調べる方法はどんな方法があるでしょうか。また，最終的には，自分で探したデータで独自の分析をすることになるため，データクリーニングは自分でできるようになる必要があります。ですから，統計の教科書を確認したほうがいいかもしれません。

　上のような状況から「この教科書を見ながら」「Excelを使って」「3時間以内に」，基本統計量[11] を求め，異常値を見つけて，誤記を修正するという計画を考えます。ただし，作業を短時間でやるには，ミスをせず，やり直しを避け，次回以降も使える汎用性の高い方法で取り組むのが望ましいでしょう。今後，具体的な作業方法を考える時は，この方針にしたがって作業を選択します。また，基本統計量や異常値の検出は，関数で求められるものを優先し，時間が許せば，それ以外の方法も使います。

⑶　基本統計量や異常値の求め方を考える（アイデアの発想）

　一般的な問題解決では，解決方法の幅を広げるために，まず，幅広く情報収集しますが，今は，この本から情報収集します。解決方法は，解決すべきことを小問題に分解して，それぞれごとに考え，それらを組み合わせて1つの案にします。小問題ごとに思いついたらすぐに取り組んでいると，全体としては非効率になる場合があります。解決方法を組み合わせる時は，順番や相性も考慮する必要があります。まず，小問題として，関数を使ってそれぞれの基本統計量を求めることと，4の倍数以外の度数を求めることに分けます。求め方がよく分からないのは後者です。表1のデータをそのまま使って関数で求めるなら，COUNTIF関数[12] が使えそうです。ただし，4の倍数の方が4の倍数以外よりも少ないので，全度数から4の倍数の度数を引けばいいでしょう。関数以外の方法として，フィルタ機能[13] を使うと当該の列に存在する数値の一覧が表示されます。並べ替え機能を使って数値を並べ替え，当該列の数値を上から順にチェックするという方法もあります[14]。当該列のデータをそのまま使わないで，別の列にテストの点数を4で割った余りを

10) ここで求める基本統計量：
平均値，中央値，最大値，最小値，第1四分位数，第3四分位数，標準偏差を求める。

11) Excelによる基本統計量の求め方：Excelで最大値・最小値・第1四分位数，第3四分位数を求められる関数は，QUARTILE.INCおよび，QUARTILE.EXEがある。求め方は数式ボックス左のfxをクリックし，[統計関数]⇒[QUARTILE.INC/QUARTILE.EXE]を選択。→巻末注13

12) COUNTIF関数：Excelで条件に一致するデータを数えることができる関数。数式ボックス左のfxをクリックし，[統計関数]⇒[COUNTIF]を選択。→巻末注14

13) オートフィルタ機能：Excelで指定した範囲から条件に合う文字列や数値などのデータを選び出す機能。データの範囲を選択し，「データ」⇒「フィルタ」を選択。

14) 並べ替えとフィルター：Excelの「並べ替え」と「オートフィルタ」は，表示結果が異なるので，使い分けに注意が必要である。→巻末注15

MOD 関数 [15] で求める方法もあります。求めた余りが 0 の度数を COUNTIF 関数で調べれば，4 の倍数全てを IF 関数で調べるよりは簡単です。

⑷ 異常値・誤記の探し方の改善方針を考える

　ミスを防ぎつつ異常値を検出し，誤記を特定するには，発想した方法の欠点やミスを起こす可能性を考え，その改善や防止策を考える必要があります。ここでも，それらを考えるヒントになる情報（注意点や想定する使い方ができるのかなど）を情報収集しましょう。関数には，似た関数が複数あったり，パラメタの指定が必要なものもありますから，それぞれの使い分けなども調べましょう [16]。例えば，表 1 のデータをそのまま使う方法は，いずれも全ての 4 の倍数をチェックする必要があり，見落とす恐れがあるかもしれません。また，関数を使わない方法は，誤記を見つけて修正するたびに，操作をやり直す必要があるかもしれません。一方，MOD 関数を使う方法は，440 のように 100 を超えていても 4 の倍数である誤記を探すには向かないかもしれません。このように，それぞれの方法に良し悪しがある時は，それら両方を組み合わせて使うのも有効です。MOD と COUNTIF を使いつつ，フィルタを使うなどです [17]。異常値として 6 点や 440 点が見つかったら，それらをどう扱えばいいでしょうか。0 点から 100 点までの 4 の倍数以外はすべて破棄し，使わないという立場もあります。一方，4 の倍数以外でも何をどう誤記したのか推測できる場合は修正して使うという立場もあります。

　ただ，440 点は 0 ではなく，4 を二重に入力した可能性もあります。これらの立場の違いは，それぞれ「より正しく」「より多くのデータを残す」という優先する良さの違いです。原本があり，時間があるなら，できるだけ修正して使うのが望ましいし，例えば，全都道府県を比較したい場合は，特定の県のデータが誤記で抜けるのは惜しいですね。

⑸ 問題解決のための最適なデータクリーニング方法を選択する

　異常値・誤記の探し方を改善したら，今までに考えた方法の中から一番良さそうな方法を選択します。最初にさまざまな良さを考えたので，どの方法を優先すべきか，それぞれの方法はどの良さについて優れているのか情報収集し，順位付けします [18]。今回の課題では「ミスが無い」ことを重視し，「速さ」や「汎用性」も考慮して，「基本統計量は絶対番地指定を使って求め，4 の倍数以外が無いかは MOD 関数と COUNTIF 関数で検出しつつ，MOD 関数の値についてフィルタでチェックする」という方法を使います。誤記の修正は，誤記の個数を見て判断しますが，少なければ，その値は使わないことにします [19]。

3．問題解決の縦糸・横糸モデル（問題解決の基礎知識）

3.1 問題解決の縦糸の過程

データクリーニングは，問題解決の一例です。より良い解決には作業手順が重要であり，本書では「縦糸・横糸モデル」を学びます。名前の通り，このモデルは縦糸と横糸という2種類の手順を組み合わせて使います。まずは，データクリーニングを例にして，縦糸から説明します。縦糸は，「①**目標設定過程**⇒②**代替案発想過程**⇔③**合理的判断過程**⇒④**最適解導出過程**」という手順です。データクリーニングでは，目標設定過程として，(1)で問題分析し，(2)で作業計画を立てました[1]。

1）目標設定過程は，厳密に言うと，目標や成約条件を明確にする問題分析と，作業の良さや制約条件を明確にして作業計画を立てることの2つの手順が含まれる。

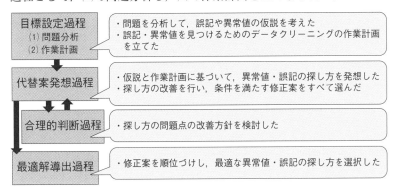

図6　データクリーニングの縦糸の過程順

問題分析では，異常値を可能な限り修正し，できるだけデータを残したいという目標を定めましたが，原本が無いという制約条件も確認しました。そこで，正しいデータが満たすべき条件を調べ，基本統計量も求めるとともに4の倍数でないデータを見つけて修正するという方針を立てました。その上で，3時間以内で作業を終えるという制約条件の下，Excelを使って正確かつ効率的に作業するという計画を立てました。次に，代替案発想過程として，(3)で主に4の倍数でないデータを探す方法を複数発想し，合理的判断過程として，(4)で発想した方法の問題点を検討し，複数の方法を組み合わせるという改善方針を立てました[2]。なお，(4)の最後の段落は，誤記の修正方法について，もう一度，代替案発想過程と合理的判断過程を繰り返しています。最後に，最適解導出過程として，解決策を順位付けし，基本統計量を求めつつ誤記を直す方法を決めました[3]。

2）代替案発想過程と合理的判断過程は，何度か行き来し，より良い代替案に改善する必要がある。これらは，問題解決手法で，発散的思考過程と収束的思考過程と呼ばれる場合もある。

3）後述する情報処理に該当する。

3.2 各過程のアウトプット

縦糸の各過程の名前を覚えるには，各過程の目的と関連づけるといい

でしょう。目標設定過程は「求める解の条件や目標を明らかにして方針と作業計画を立てる」こと，代替案発想過程は「代替案を複数発想する」こと，合理的判断過程は「案を批判的に検討して改善方針を立てる」こと，最適解導出過程は「どの案が良いか順位付けする」ことを目的としています。これら各過程の目的は，言い替えると，各過程で最終的にどんなアウトプットをまとめればいいのかを表しています[4]。

アウトプットが何かを覚えれば，順番も明確になります。目標が不明確なら，どんな代替案を発想していいか分かりませんし，作業計画は最初に立てないと意味がありません。代替案を発想しないと，それを批判的に検討することもできませんし，案の順位付けもできません。どの案にするか決めた後に問題点を検討したら，やっぱりその案ではダメだということになりかねません。無駄が少ない順番が上の順番なのです。

データクリーニングと統計分析とでは，アウトプットに違いがあるでしょうか。データクリーニングでも，単に誤記を修正するだけでなく，基本統計量を同時に求めました。その意味では，誤記を修正する作業をしなくていいだけ，統計分析の方が簡単なように思えます。一方，誤記を修正しないと正しい統計分析はできませんから，データクリーニングは，本来の統計分析作業のはじめの一歩，つまり，目標設定過程の一部であるようにも思えます。結論的には，上の後者の解釈，つまり大きな問題解決では，縦糸・横糸モデルが2階層構造になる可能性があります[5]。それはともかく，統計分析でも，収集したデータは何のために収集したどんなデータなのか，どんな分析結果で出ると予想されるか，予想される誤記の可能性を仮定するのと同様，目標設定過程で仮説を立て

4) 各過程のアウトプットの一般形：【目標設定の問題分析】⇒［「良さ」と制約条件］，【計画立案】⇒［作業計画］，【代替案発想過程】⇒［条件を満たす代替案］，【合理的判断過程】⇒［代替案の改良方針］，【最適解導出過程】⇒［最適解と選択理由］，と考えられる。

5) 大きな問題を小さな問題に分解し階層化する：複合的な分析を行う場合，目標を設定する前にデータクリーニングや予備調査なので縦糸・横糸モデルのサイクルを回すこともあるが，あまり作業を細分化するのは効率的な問題解決ではないので，縦糸・横糸モデルでの思考は2階層までが望ましい。

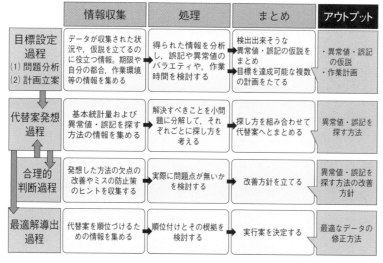

図7　統計分析の問題解決の縦糸・横糸モデル

る必要があります。また，ミスなく効率的に分析するには作業計画も必要です。分析を進めるには，どんな分析方法がよいかの代替案を考え，ミスや誤った解釈をしないように批判的な検討を行い，より良い分析方法へと改善方針を考える必要があります。そして，いろいろな案を考えた上で，その中から一番良いと思う方法を選択します。

3.3 問題解決の横糸の活動

各過程のアウトプットが明確になったところで，それらをより良く得るための横糸の手順～「情報の収集→処理→まとめ」～を見ていきましょう[6]。縦糸・横糸モデルでは，これを全ての過程で行います。実際，2.3節のデータクリーニングも，この手順で作業していました[7]。もちろん，統計分析もこの手順で行います。

情報を収集しないと処理はできませんし，一度まとめた内容を処理したら，再度まとめ直さないといけません。「収集→処理→まとめ」は，この順番でないと効率が悪くなります。一方，どの過程も「収集→処理→まとめ」だと言っても，その作業内容は過程によって異なります。ここでは，それを具体的に示して「覚えなさい」と言う代わりに，各過程のアウトプットから作業内容を具体化する方法を説明しましょう（図7）。目標設定過程には問題分析と計画立案という2つの作業がありますが，着目するのが解そのものか，作業方法かという違いはあっても，どちらも，目標（良さ）と条件を明らかにする必要があります。その上で，問題分析では仮説を立て，計画立案では作業計画をアウトプットします。よって，何を目標とすべきか，何が条件なのかを明らかにする上で役立つ情報を収集すべきです[8]。問題分析では，データがどのような条件で収集されたのか，データクリーニングに必要な情報や仮説を立てるのに役立つ情報が必要でしょう。データに含まれる変数に関わる文献なども参考になるかもしれません。計画立案では，作業の期限や自分の都合，作業環境，グループ作業なら分担を決めるためのさまざまな情報が必要で，解の良さを犠牲にしても期限に間に合わせる計画から，より良い解を求めるための追加作業を含む計画まで，複数の計画を立てるのが理想です。代替案発想過程では，具体的な分析方法を発想するので，自分の知らないより良い分析方法が無いか，自分の知識に誤りが無いか，マニュアルや文献を調べて確認します。代替案は，元の問題をより小さな問題に分解し，個々の小問題ごとに複数の解決策を発想して，その組み合わせとして構成するのが得策です。分解してより良い組み合わせを考えるのが処理，1つ1つの代替案として構成するのがまとめになります。合

6) 例えば，「より良く」を「見落としなく効率的に」のように言い替えて活動を行う。

7) 例えば，(3)の代替案発想過程では，本から情報収集し【情報収集】，関数を使ってそれぞれの基本統計量を求めることと，4の倍数以外の度数を求めることに分け【処理】，4の倍数以外の度数を求めるためにCOUNTIF関数とMOD関数の使用を決めた【まとめ】という活動を行っている。

8) 問題分析と計画立案では，それぞれ解の良さと作業方法の良さを考えるが，明確に区別して別々に収集しようとすると，かえって混乱する可能性もある。とりあえずは同時並行で収集して，分析する時に，区別するという手もある。それ故，目標設定過程の2つの作業は，単純にこの順番で別々に行うのではなく，目標設定過程として同時並行で進めて構わない。

理的判断過程では，代替案の問題点を検討して改善方針を立てますから，予想される問題点やその時の改善方針を情報収集し，実際に問題点が無いかを検討（処理）し，必要に応じて改善方針を立てます（まとめ）。最適解導出過程では，代替案を順位付けするための情報を集め，順位付けとその根拠を検討し，実行案を決定します[9]。

3.4 分析の良さと作業の良さ

テストのように正解がある問題では，解は「良し・悪し」ではなく，「正解・不正解」で評価されます。ただし，部分点や減点があるなら，「良し・悪し」の程度が考えられます。また，特定の正解の無い問題解決では，Ａという解とＢという解ではどちらが良いか，という「良し・悪し」の判断が重要になります。**解の良さ**（良し・悪し）は，解決方法を発想する時に無駄な解を考えずに済ませる上でも，合理的判断過程でその解に問題が無いか（悪いところがないか）を考える上でも，最初に明確にしておく必要があります。このほか，買い物なら１万円以上なら買わない，旅行なら○○ホテルに泊まれないなら行かないなど，ある条件を満たしていないと解として採用しないという場合もあります。

データクリーニングや統計分析では，間違いが無く信頼できる，より多くのデータに基づいているといったことが必要ですし，研究のための統計分析なら新規性や有効性も必要になるかもしれません[10]。分析の目的に対して適切な（妥当性のある）分析方法を選択する必要もあります。分析結果はレポートなどにまとめますが，結果の示し方が適切である（了解性が高い）といったことも必要でしょう。これら統計分析の良さは課題に示されませんので，暗黙の了解として認識しておきましょう。

9）実際にデータクリーニングや統計分析の作業をどこで行うかは明示していない。代替案発想過程のまとめで行う可能性もあるし，最適解導出過程の後に行う可能性もある。データクリーニングや単純な分析は後者，複雑な分析は前者になるだろう。

10）新規性，有効性，信頼性，了解性は，教育工学分野の論文に求められる良さとして共通認識されているものである。（心）理学など，真理を追究する学問では，有効性を求めない場合もあるが，工学や医学などでは有効性が重要な評価観点になる。ただし，何をもって新規性があるというのかにはいろいろな考え方があり，それを円の外に向かって言い替えることで，いろいろな発想ができる。

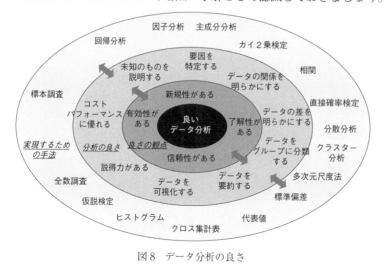

図8　データ分析の良さ

一方，よい分析を行うために多くの作業時間を費やし，本来の分析作業が時間切れになったら，問題解決は失敗です。また，どんなに作業が早く終わっても，ミスがあったらやり直しです。作業の正確さや，ミスが無かったことを後で確認できるような作業記録を残すことなども必要かもしれません。このように，作業のやり方についても，さまざまな良さを考慮して作業計画を考える必要があります[11]。

　なお，ミスを減らし，より信頼できる結果を得るには，手法を組み合わせることなどが必要ですが，その結果として作業には時間がかかるかもしれません。データをたくさん残すことと，間違いの無いデータにすることとは，両立しない可能性もあります。このように，ある良さを実現するには別の良さを犠牲にする必要があるというような関係がある時，両者は**トレードオフ関係**にあるといいます[12]。合理的判断過程では，このようなトレードオフ関係にも着目して問題点を検討します。

3.5 表現の変換

　問題解決や，その一種である統計分析では，学んだ成果を新しい問題に汎用的に活用できるようにすることが大事です。3.3節で「収集→処理→まとめ」をアウトプットに即して言い替えたり，図8で，新規性，信頼性などの良さを円の外に向かってより具体的に言い替えたりしているのは，そのような汎用性を高めるためです。このような言い替えのことを総称して，本書では**表現の変換**と呼びます。

　データクリーニングでは，異常値という言葉を「最大値・最小値が，それぞれ100点を超えるか0点以下の場合」とか「4の倍数以外の値がある場合」などと言い替えました。最初の課題に対して，「クラス差がある」は，統計用語を使って「t検定で有意差がある」と言い替えることができます。これも，表現の変換であり，統計分析する時は，データから言えそうなこと（確かめたいこと）を日常的な用語で発想し，それを統計的な表現に変換することが必要になります。

3.6 知識の5W1Hのフレーム

　学んだ知識を活用するには，その知識が必要な時に，必要な形で取り出せるように，整理したり，他の知識と関連づけたりしておく必要があります。問題解決の縦糸・横糸モデルでは，そのために，知識を表3のような5W1Hのフレームにまとめることを推奨しています[13]。

11) 今後，本書の中では作業の良さという言い方をする。

12) あるいは，「AとBとの間にはトレードオフがある」と言う。

13) 5W1Hのフレームの各スロット値の埋め方：
基本的に上の知識から，下の知識へと関連付けながら，埋めていく。

表3　知識の5W1Hのフレーム

Name	覚えるべき知識の呼称（別名なども）	
What	原理に即した手法の概要	誤解，混同
Why	利用目的，開発理由，仕組み	誤用，混同
Where	適用条件，ケース，使い分け	見落とし等
When	モデル内の手順との関連づけ	誤り
Who	利用者のレベル（非専門家）	専門家
How	典型的パターン，ツールの場合	不適切事例
Merit	関連する問題解決の良さ	Demerits

　例えば，「データクリーニング」という知識なら，その名前を言われて思い出せるようなっていなければなりませんから，Nameというスロットに「データクリーニング」という値を入れて（覚えて）おく必要があります。「データクリーニングとは？」と問われたらWhatの値が必要ですし，「なぜ，データクリーニングが必要か」「何のためにデータクリーニングを使うのか」に対しては，whyの値が必要です。使う目的を理解していないのに，その知識を使えるようになることは無いでしょう。「どんな状況でデータクリーニングを適用するのか」に対しては，Whereの値が必要ですし，「データクリーニングを問題解決のどの場面で使用するのか」に対してはWhenの値。「データクリーニングはどんな利用者に適しているか」はWho，「データクリーニングをどのように使用するのか」に対してはHowの値，「データクリーニングの知識を身につける利点」についてはMeritsが対応します。以上の点を5W1Hのフレームにまとめると，表4のようになるでしょう[14]。

表4　「データクリーニング」に関する知識の5W1Hのフレーム

Name	データクリーニング
What	データのおかしいところを見つけ，修正する作業のこと。
Why	データに異常があると，分析を行った場合，誤った結果がでるため。
Where	統計分析を行う際に適用する。データの異常には，データの仕様上あり得ない値である異常値と，データに誤って入力された誤記がある。自分で調査入力したデータとWebなどで公開されているデータとでは，対処法が異なる。
When	目標設定過程でデータが満たすべき条件を調べ，異常値を検出して誤記を修正する。
Who	Excelなど表計算ソフトが使える
How	基本統計量を求め，データの条件に合わせて分析処理を行い，異常値を検出することで，その原因となる誤記を探し，修正する。
Merit	データ・クリーニングを行うことで，正確な分析結果を得ることができる。

14）データクリーニングの5W1Hのフレーム：
データクリーニング（Name）は，データのおかしなところを修正する作業（What）で，データに異常があると，分析を行った場合，誤った結果がでるので（Why），統計処理を行う状況で実施する（Where），というように，まずは覚えればよい知識を習得した後，縦糸・横糸モデルに基づくデータクリーニングを行いながら，統計分析を行う前に必要なデータを設定する目標設定過程（When）で，統計の専門家でなくてもExcelなどで実施でき（Who），基本統計量を求めたうえでExcelの関数やフィルタ機能を使って異常値・誤記を検出する（How）という知識を関連づけながら埋めていく。

4．縦糸・横糸モデルに即した統計分析
（問題解決の実践）

4.1 目標設定過程

　それでは，授業で出された統計分析の課題を問題解決の縦糸・横糸モデルの目標設定過程に焦点を当てて見ていきましょう。今回の課題の状況について【情報収集】を行うと，以下のような情報が確認できました。

> **今回の課題**
> ・A組とB組の事前・事後テストの結果のデータを使って統計分析を行う
> ・今回の授業で勉強した統計に関する知識を使う
> 　平均値，中央値，最頻値，標準偏差，分散，ヒストグラム，度数分布表
> 　仮説検定（t検定，F検定），
> ・一週間以内に分析結果を提出する

図9　今回の課題の条件

　【処理】では，与えられたデータの特徴と，データにおかしなところがないかを確認するために，データクリーニングを行いながら，基本統計量も求めます。表5がその結果です[1]。

表5　データクリーニング後の基本統計量[2][3]

	事前テスト全体	事後テスト全体	事前テストA組全体	事後テストA組全体	事前テストB組全体	事後テストB組全体
平均値	53.9	57.5	55.6	57.4	52.0	57.5
中央値	52	60	52	60	52	60
標準偏差	13.0	16.4	15.9	17.3	8.5	15.3
最大値	100	100	100	100	72	76
最小値	28	12	28	12	32	12
第1四分位数	48	48	47	48	48	48
第3四分位数	60	72	65	70	56	72

　【まとめ】では，図9の情報や，基本統計量の値に基づき，今回の課題でどんな良さを追求するか，また，それに関連してどんな仮説が設定できるか検討します。表5から，事前・事後テストともにA組，B組間に大きな違いは無さそうですが，最大値は大きく異なります[4]。一方，全体の事前・事後テスト間には，差があるような無いような微妙な感じです。差があるか否かをより信頼できる形で言うことを目標にしましょう。既に，ここまでの作業で時間がかかっていますから，この後の作業は，1時間程度で済ませたいと思います。データはExcelに入っていますから，Excelで分析できる範囲で作業をしましょう。

1）テストの情報：同一のテストを授業の前後2回実施。テストは1問4点の全25問のテストを正誤評価で採点したもので，減点や，マイナスの点数はない。受験者は80人（A組40人，B組40人）である。

2）表について：計算結果を与えられたテストの情報と照合すると，最大値は100点以下で，中央値，最小値，最大値，はすべて4の倍数のため，計算結果にエラーは無さそうである。

3）数値の表記について→巻末注17

4）その他に，事前テストの第3四分位数，標準偏差に違いが見られる。平均値の比較をするなら，散らばり方の違いを考慮する必要があるかもしれない。

4.2 統計分析の手順（代替案発想過程以降）

　この後，代替案発想過程に進みますが，これ以降の作業については，第2章でより詳しい説明をします。ここでは，最大値について高い信頼性で差があるかどうかを分析する方法が分からないので，まずは，事前・事後に差があるかどうかを t 検定で検証します。「対応があるか無いか」を判断し，計算ミスをしないように注意して，Excel の関数を使って分析しましょう。検定結果を見る時には，片側検定を使うか両側検定を使うかも考え，有意水準についても考えましょう[5]。

5) 検定結果：今回のデータは，2回ともテストを受けた生徒を対象に事前・事後を比較するので，対応のある検定となる。また，「A群の平均値＞B群の平均値」とする特別な根拠が有意水準5％で「事前・事後テストの結果に差がない」という帰無仮説を立て，検定を実施した。結果，p値は0.02となり，事前・事後テストの結果には，p<.05で有意差が見られた。

５．まとめ─典型的な分析事例

本章で扱った基本統計量と仮説検定は，データ分析の第一歩であり，データクリーニングや，仮説を立てたりすることにも使われます。母集団が正規分布すると想定しているのに，標本分布が偏っていたら，そのデータに基づいて結論づける時には，注意を要するかもしれません。標本に基づいて差があるか否かを判断する時は，検定という手法を使った方が信頼性が高くなることも学びました。

本章では，問題解決の一種として統計分析を進めるために，縦糸・横糸モデルについても学びました。縦糸・横糸モデルを用いる理由は，学んだ知識をさまざまな事例に汎用的に活用できるようになるためです。また，作業をより良く行うためにも，モデルを意識しましょう。最後に，本章で学んだ分析手法を表6の5W1Hのフレームで整理しておきます[1]。

表6 「t検定」に関する知識の5W1Hのフレーム

Name	t検定
What	2群間の平均が等しいかを調べる方法
Why	基本統計量だけでは，データの違いを明確にすることができない
Where	2つの標本が正規分布に従う。独立変数が質的変数，従属変数が量的変数・指導法の比較や事前・事後の比較等。
When	代替案発想過程で，仮説を検証する手段の1つとして検討する。
Who	統計分析ツールやExcelを使える
How	対応のある場合とない場合で検定統計量の算出法が異なる→対応がない場合は，F検定を実施し2群間の分散に差があるか検討→t値を算出

1）表6のt検定（Name）であれば，2群間の平均が等しいかを調べる方法（What）で，基本統計量だけでは，データの違いを明確にできないため（Why）2つ標本が正規分布に従うときに使用される。（Where）。縦糸・横糸モデルに基づく処理では，分析手法を検討する代替案発想過程で（When），統計の専門家でなくても統計分析ツールが使えれば正しくデータ分析を行うことができ（Who），対応のある・なしなどで算出法が異なり，対応がない場合は，F検定を実施し2群間の分散に差があるか検討し，結果に合わせて算出方法を決定してt値を算出する（How）。

第2章

XとYの関係を聞かれたら，相関係数？

第1章では，「テストでの点数の分布」を調べるために
基本統計量と仮説検定について学びました。
それでは，「2つの変数の間に関連性があるのか」を
知りたい時はどうすればいいでしょうか。
［クロス集計・散布図，相関とその検定］

1．2 変数間の関連性を知りたい（統計の基礎知識[1]）

1.1 2変数の関係の強さ

1章では，t検定を使って2つのグループ（クラスAとB，または，事前と事後）のテストの平均値を比較しました。この場合，グループは2つだけど，分析（計算処理の）対象にしている変数は1つでした[2]。

一方，高校で学んだ相関係数は，2つの変数を同時に計算に使って，それらの関係の強さを調べました。相関係数や散布図は，2変数の関係の強さを調べる代表的な方法ですが，それらが全てではありませんし，相関係数や散布図を使うのが適切ではない場合もあります。この章では，2変数の関係の強さを調べるさまざまな方法とその使い分け方を扱います。

例として，表1に示した大学入学時に実施したアンケート結果[3]を取り上げ，変数やその関連性について考えてみましょう。

表1　アンケート調査結果

番号	性別	英語点数	英語学習意欲	英語学習年数	海外渡航経験有無
1	0	90	5	6	1
2	0	40	3	6	1
3	1	60	2	6	0
…	…	…	…	…	…
99	0	36	1	7	1
100	1	56	4	6	1

1.2 尺度水準と量的・質的変数

表中の番号欄の値は個人を区別するために便宜的に割り振った値であり，重複さえしなければ乱数でも構わず，数値の大小も意味を持ちません。また，性別欄の数値は，「男・女」の分類を表しており，0.4などの値に対応する分類が存在するわけではありません[4]。もちろん，男女に優劣はありませんから，数値の大小も意味を持ちません。一方，海外渡航経験有無欄の値も，「有・無」の分類を表しますが，数値の大小を経験の多少と解釈すると，優劣（順序）を表すと解釈することもできます。

コンピュータ内部では，あらゆるデータが数値として扱われており，情報化の進展とともに，あらゆるデータが数値として入力されることが多くなりました。しかし，同じように数値で表されていても，その数値が何を意味するかによって，ある処理が意味を持つ時と無意味な時とがあり[5]，分析前に各変数の特性を考えておく必要があります。

1) この章では，質的変数・量的変数の使い分けと2変数の関係について学習します。高校までに学んだ「データの相関（散布図，相関係数）」を前提としています。統計分析手法としては，**相関とその検定，クロス集計とカイ二乗検定**を学びます。

2) P.12の表1では，クラスも変数の1つである。ただし，t検定では，テストの点数とクラスの変数の役割は異なり，それらを入れ替えて計算することはできない。

3) このアンケートでの質問項目は以下の通りである。
・性別（男を0，女を1）
・英語力確認テストの点数（0点〜100点）
・英語をもっと学びたいか（学びたいを5，どちらともいえないを3，学びたくないを1とした5段階から選択）
・これまでに英語を学習した年数
・海外に行ったことはあるか（あるを1，ないを0）

4) 平均をとれば0.4や0.7になる可能性はあるが，その意味は「男・女」等の比率であり，「平均的な性別の値」ではない。数値化して入力するのは，入力が楽であることや，平均値から比率を簡単に求められるなどの利点による。

5) 言い方を変えると，適切な処理と不適切な処理とがある。

統計分析を行う時に考えるべきそのような特性として，ここでは**尺度水準**を説明します。表2に示す通り，尺度水準には4段階があります。

表2　変数と尺度

水準	尺度	意味	変数
高い	比例	数値の間に乗除算が成り立つ	量的変数
↑	間隔	数値の間に加減算が成り立つ	
↓	順序	順序に意味がある	質的変数
低い	名義	カテゴリーに分類	

表1の番号や性別のように，個人や男女を識別するのが目的で，数値に順序や優劣の意味が無いものを**名義尺度**と呼びます。一方，海外渡航経験には優劣（順序）の要素が含まれていますが，経験有りのレベルもさまざまであり，1の程度がどれ位かは定かではありません。このように数値の大きさが順序の意味は持つけれど，0と1，1と2の程度の違いはよく分からないというものを**順序尺度**と呼びます。また，ここまでの2つの尺度に該当する変数は，その値が量としての意味を持たないので，（後述する量的変数に対して）**質的変数**と呼びます。

順序尺度と**間隔尺度**の違いは，数値の1，2，3などに，1＋2＝3というような足し算が成り立つ（と想定できる）か否かです。さらに，**比例尺度**[6]は，4（が表す程度）は2（が表す程度）の2倍（の程度）に相当するというかけ算が成り立つことが求められます。例えば，入学年度は1年間隔ですが，2018年度と2019年度との間にかけ算や割り算が成立するような意味関係はありません。一方，英語学習年数は，その密度や成果を問わずに，単純に学習を継続した期間と捉えるなら，2年学習した人は1年学習した人の2倍の期間だけ学習したことになります。これら，間隔尺度や比例尺度の値を持つ変数は，上述の質的変数に対して**量的変数**と呼びます[7]。

1.3　2変数の関係の分析〜相関係数の注意点

高校までに，2変数の関係を分析する方法として，**散布図**と**相関係数**を学びました。散布図と同じ図的表現として，1変数の場合はヒストグラムがありました。ヒストグラムは，データの分布の形（各値の度数の状況）を見ることが目的で，そこから偏りや異常値に気づくことができます。2変数の場合は，一方の変数の値が増えると他方の変数の値も増える（または減る）[8]，といった**相関関係**の有無を見たいわけです。もちろん，相関関係は代表的で典型的な2変数間の関係で，それ以外にも複

6）比率尺度または比尺度と言うこともある。

7）小問の合計点で算出するテストの点数は，間隔尺度以上であると想定しています。100点は50点の2倍の成績（比例尺度）であるのが理想ですが，英語の点数が0点でも単語を全く知らないわけではなく，その問題が解けなかったに過ぎません。アンケート調査でも，5段階の回答を複数項目間で合計（平均）することがよくあります。この場合も間隔尺度と想定しています。

8）散布図は，一方の変数を横軸に，他方を縦軸にとってデータを点としてプロットしたもの。プロットした点が右上がり（または右下がり）の直線に近い形で並んでいるほど，**強い正の（または負の）相関**があると言う。点がバラバラに分布している時は，**無相関**と言う。

雑な関係が見られる場合があります。それについては後述しましょう。

　散布図だけでは相関の強さを明確に伝えられません。そこで，相関の強さを数値で表す指標として，**相関係数**が使われます。相関係数の値は，2変数のそれぞれの値について平均値との差を求め，その積の総和をデータの度数で割った**共分散**の値を2変数それぞれの標準偏差で割って，−1から1までの値を取るように調整したものです[9]。正（または負）の相関関係が強いほど1（または−1）に近く，相関関係が弱いほど0に近くなります。相関係数の値と散布図上での点の分布との関係は，右の側注を参照して下さい[10]。

　相関係数を求める時は，上述のように，変数の値と平均値との引き算をします。また，平均値を求める時には，足し算をしています。このような計算をしている時点で，これらの変数は量的変数として扱われている点に注意が必要です。また，相関係数を使った方が相関の強さが明確に分かるので，散布図を使う必要は無いと思いがちですが，ヒストグラムで分布を見てからどの代表値を使うべきか判断するのと同様に，散布図を見てから相関係数で2変数の関係を表すのが適切かどうかを判断する必要があります。

　例として，表1の英語学習意欲と英語点数の関係を示した散布図を見ながら考えてみましょう。図1は，両者の間に非直線的な関係がある場合です。また，図2は，両者の関係に2つの異なる関係を持つサブグループがありそうな場合です。このような場合，単に相関係数だけを示し，「英語学習意欲が高いほど英語点数も高い」といった印象を与えることは，必ずしも適切とは言えません。図1では，学習意欲が高くなると，単純に英語の点数が上がるとは言えないことを明示し，その原因をさらに分析する必要があるでしょう[11]。図2については，60点より高いグループと，それ以下のグループに分けて相関係数を求めるなどの工夫が必要でしょう[12]。

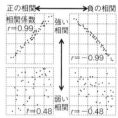
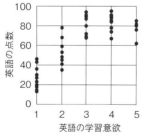

図1　曲線的な関係が見られる例
（相関係数を求めると，0.80）

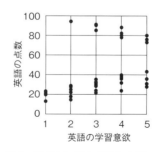

図2　群ごとに傾向が異なる例
（相関係数を求めると，0.41）

別の事例も見てみましょう。図3は，数学と物理の模擬試験の結果を散布図にしたものです。全体で相関係数を求めると 0.94 となり，強い正の相関があるという結果になりますが，図から明らかなように，実際には，両方とも高得点の群と，両方とも低得点の2群があり，それぞれの群の中では相関関係がないように見えます[13]。ここで大事なのは，両方とも得意な（おそらく理系）群と，両方苦手な（おそらく文系）群があるということで，相関関係は大局的な観点でのみ見られるということです。

　図3と似た例として，スポーツテストの幅跳びと懸垂の成績を散布図に表した時のことを考えてみましょう。脚の筋力と腕の筋力なので，あまり相関関係は無いかもしれませんが，仮に小学校1年生から中学校3年生までの結果を散布図に表すと，全体としては学年が上がるにつれて，両方の成績が上がり，相関関係があるように見えるかもしれません。このような場合，学年でグループ分けして相関を求める方法以外に，偏相関係数[14] を求める方法があります。偏相関係数とは，第3の変数（この場合は学年）の影響を取り除いて求めた2つの変数の間の相関係数のことを指します。

　図3のように2極分化した場合の極端な例として，図4があります。全体で相関係数を求めると 0.79 ですが，極端に点数が高い2人を除いて相関係数を求めると，ほとんど無相関になります[15]。このように全体の傾向と著しく異なる値をとり，それを入れて分析・解釈するか否かで結果に大きな影響を及ぼすデータを**外れ値**[16] と呼び，扱いに注意が必要です。

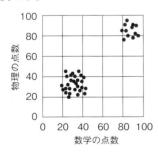

図3　群ごとに分かれている例

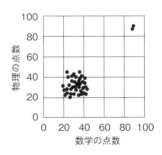

図4　外れ値を含むと考えられる例

　ところで，1章では，平均値や分散の検定を学びました。相関係数についても，その値が0であるという帰無仮説と，0ではないという対立仮説を設定して検定することができます[17]。ただし，相関係数の値が0でないからと言って，相関があると結論づけるのは早計です。分野や扱うデータによって，相関の強さの判断の目安が異なりますので，Web

13) 図3全体の相関係数は 0.94 であるが，群別に相関係数を求めると，図3の高得点群は 0.04，低得点群は −0.05 となる。

14) 偏相関係数 $r_{xy\cdot z}$
$$r_{xy\cdot z} = \frac{r_{xy} - r_{xz}\cdot r_{yz}}{\sqrt{1-r_{xz}^2}\ \sqrt{1-r_{yz}^2}}$$
$r_{xy\cdot z}$：z の影響を取り除いた x と y の相関
r_{ab}：a と b の相関係数

15) 図4の全体で求めた相関係数の値は 0.79 であるが，外れ値と考えられる2人の点数を除くと相関係数の値は 0.05 となる。

16) 外れ値がある場合，データクリーニング（第1章 P.17）をやり直す必要があるかもしれない。ただし，根拠も無く分析対象から外すのは適切ではない。例えば，外れ値の影響を避けるために，後述する順位相関係数を使う方法もある。

17) 無相関の検定は，相関係数(r) と度数(n)を含む次の式の値が自由度 $n-2$ の t 分布に従うことを使って検定できる。
$$t_0 = \frac{|r|\sqrt{n-2}}{\sqrt{1-r^2}}$$

や書籍で目安となる情報を調べてみましょう。

1.4 相関関係と因果関係の違い

英語の学習意欲と英語の点数の間に強い相関が見られた場合，英語の学習意欲が高いことが原因で英語の点数が高くなったと結論づけてよいのでしょうか。もしかすると，英語の点数が良かったことで，もっと英語を勉強したいという学習意欲が高まるかもしれませんし，両方が互いに影響し合っている可能性もあります。基本的に，散布図も相関係数も，2変数の間の直線的な関係が強いか否かを教えてくれるだけで，どちらの変数が原因でどちらが結果かということは教えてくれません。

因果関係を検討するには，①原因となる事象が結果より先に起きていること，②原因と結果の間に関連性があること[18]，③2つの変数の間に因果関係があることが論理的に妥当であり，他の説明可能性が排除されること，などの条件を満たしているか考える必要があります。

1.5 質的変数における2変数の関係の分析

性別によって，海外渡航経験の有無に違いがあるかどうかなど，2つの質的変数の関連性（連関）を調べたいときには，2つの変数の度数分布表[19]を作成しましょう。一方の質的変数（例：性別）を行に，他方の質的変数（例：渡航経験）を列に配置して集計した度数分布表を**クロス集計表**[20]（表3参照）と呼び，このような表を作成する作業をクロス集計すると言います。

表3　性別と渡航経験のクロス集計表[21]

	渡航経験有	渡航経験無	計
男性	5	55	60 [22]
女性	15	25	40 [22]
計	20 [22]	80 [22]	100 [23]

性別と英語の学習年数のように，質的変数と量的変数の関連性を調べたい場合，クロス集計表は使えるでしょうか。水準が高い尺度は，第1章でヒストグラムを作成した時と同様に，区間を区切るなどすれば，より低い水準の尺度に変換することができます。また，比例尺度や間隔尺度としてとったデータでも，分布の範囲が狭く，整数値しかとらないような場合は，尺度を変換しなくても，そのままクロス集計できる場合もあります。

例えば，英語の学習年数について，度数分布表[24]やヒストグラムを

18) 相関係数などに基づいて判断される。

19) 度数分布表については，第1章P.13を確認する。

20) クロス表，分割表，連関表，二元表とも言う。

21) 性別（男性か女性か）と渡航経験の有無（有るか無いか）のように，二者択一の質的変数で作られるクロス集計表を特に2×2クロス集計表と呼ぶ。

22) 行の合計数（例：男性の合計・女性の合計）や列の合計数（例：渡航経験有の合計・無の合計）のことを周辺度数と呼ぶ。

23) 全体のデータ数のことを総度数と呼ぶ。

24) 英語の学習年数について，6年から9年までの間を階級で区切り，各階級の人数（度数）を数えて表にしたもの。

作成し，それを見ながらいくつかのグループに分けて，質的変数に変換することが可能です。このようにすれば，性別と英語の学習年数の間でクロス集計表をつくることができます。ただし，質的変数にすることで，用いることができる統計分析手法も限られてくるので注意が必要です。

1.6 カイ二乗検定（質的2変数間での検定手法）

クロス集計表を作成することで，2つの質的変数間の関連性を大まかにとらえることができました。しかし，このままでは散布図と同様，感覚的にしか関連性が捉えられないため，相関係数のような数値で関連性の強さを表せると便利です。その期待にこたえるのが，**連関係数** [25] です。

相関係数にも検定がありました。クロス集計や連関係数にも検定があるのでしょうか。ここでは，クロス集計における**カイ二乗（χ^2）検定** [26] を説明します。この検定では，2つの変数に関連性が無ければ，表中の各セルには周辺度数に比例した度数が配分されるはずだと考え，その値（期待値）と実際に観測された度数との差に基づいて，カイ二乗（χ^2）値 [27] という統計量を求めます。それが，χ^2 分布をすることを使って，期待値と実測値との乖離が誤差によるものか否かを判定します。

表3に示した「性別と渡航経験のクロス集計表」を例にカイ二乗検定を行ってみましょう。まず，2つの名義尺度の変数が独立している（連関がない）という帰無仮説 [28] を設定します。次にカイ二乗値を求めるために，期待度数 [29] を算出します。**期待度数**とは，帰無仮説が正しいと仮定した場合，想定されるクロス集計表の各セル（表中のマス）における度数のことです。今回の例の場合，「性別と渡航経験の有無は独立している，つまり，性別によって渡航経験の有無の母比率に差はない」という帰無仮説を設定しました。この仮説が正しいならば，男性の渡航経験の比率も，女性の渡航経験の比率も，全体の渡航経験の比率（有：無＝2：8）と同じになるはずです（表4参照）。

表4 性別と渡航経験の有無の期待度数

	渡航経験有	渡航経験無	計
男性	12	48	60
女性	8	32	40
計	20	80	100

25) 代表的な連関係数として，四分点相関係数（ϕ（ファイ）係数），クラメールの連関係数，ユールの連関係数（Q）などがある。四分点相関係数は 2×2 クロス集計表でのみ用いることができる。
順序尺度の相関を知りたい時には，スピアマンの順位相関係数やケンドールの順位相関係数を用いる。

26) **独立性検定**とも言う。「独立している」というのは連関がないことを意味する。1つの名義尺度の変数におけるグループの偏り（例：「賛成」・「反対」・「どちらでもない」に均等に分かれているか，どこかに偏りがあるか）を検討する時には，カイ二乗検定の**適合度検定**を用いる。

27) カイ二乗値 χ^2
$$\chi^2 = \sum_{i=1}^{r} \frac{(n_i - E_i)^2}{E_i} \sim \chi^2(r-1)$$
n_i：観測度数
E_i：期待度数
r：属性数
Excel では，CHISQ.TEST 関数や CHITEST 関数（実測値の範囲と期待値の範囲を引数に指定する）を用いる。

28) 帰無仮説 第1章 P.14 参照

29) 期待度数
測定されたデータにおける行の周辺度数と列の周辺度数の積を総度数で割ることで各セルの期待度数を求めることができる。表4では，表3のクロス集計表から渡航経験のある男性の期待度数を求めると，行の周辺度数60と列の周辺度数20を掛けたものを，総度数100で割ることで12を得る。

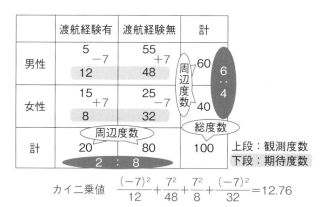

$$\text{カイ二乗値}\quad \frac{(-7)^2}{12}+\frac{7^2}{48}+\frac{7^2}{8}+\frac{(-7)^2}{32}=12.76$$

図5　カイ二乗値の計算

　カイ二乗値は各セルの**観測度数**[30]と期待度数の差を二乗したものを期待度数で割ったものをすべて足し合わせることで求められます。観測度数と期待度数の差が大きいほどカイ二乗値も大きくなります。図5の例では，カイ二乗値は12.76となります。

　カイ二乗値の臨界値[31]は自由度によって異なります。クロス集計表の行数から1を引いた値と列数から1を引いた値を掛けた値が自由度となるので，2×2のクロス集計表の場合の自由度は $(2-1)\times(2-1)=1$ となります。カイ二乗値の臨界値はカイ二乗分布表[32]に記載されており，自由度1，有意水準 $\alpha=0.05$ の時の臨界値は3.841です。したがって，2×2クロス集計表で求めたカイ二乗値が3.841より大きければ，帰無仮説は棄却され，対立仮説が採択されます。統計ソフトを使ってカイ二乗検定を行った場合，カイ二乗値や自由度だけでなく，有意確率（p値）も出力され，その値に基づいて帰無仮説を棄却するか判断を行うことになります。有意確率は，帰無仮説が正しいと仮定した場合，計算して得られたカイ二乗値以上の値になる確率を指します。有意確率があらかじめ設定した有意水準[33]を下回る場合，得られたカイ二乗値以上となる確率は滅多に起きないと判断され，帰無仮説は棄却されます。

　クロス集計表のセルの値（度数）が非常に小さい値の場合[34]，カイ二乗検定の代わりに直接確率法[35]を用いることが適切です。

　カイ二乗検定では，クロス集計表の行と列を入れ替えても結果が変わりません。この点からも，2変数の関連性を評価するわけであって，因果関係を評価するものではないことがわかります。

1.7　2変数の関連性を調べる（まとめ）

　2変数の関連性を調べたい時には，調べたいデータが質的変数なのか量的変数なのかに注意する必要があります。量的2変数間の関連性を見

30) 観測度数
それぞれの変数のグループ（カテゴリー）に含まれる度数（データが入っている個数）。表3に示した各グループにおける人数がこれにあたる。

31) 臨界値　第1章参照

32) カイ二乗分布表
カイ二乗検定では，カイ二乗値が5%（有意水準・棄却域）以下かどうかを確認する。5%以下であれば，「有意差がない」とする帰無仮説を棄却し，対立仮説（有意差がある）を採択する。

33) 有意水準　第1章P.15参照
0.05のことが多い。

34) 一般的に，セルの値（度数）に5以下の数値が含まれる場合

35) 直接確率法　フィッシャーの正確確率検定や直接確率検定，直接確率計算などとも言う。

たいときには，いきなり相関係数を求めるのではなく，散布図を描いて一度考えることが重要です。また，第3の変数による見せかけの相関[36]が見られることもあることに注意が必要です。相関係数がいくつであれば，2変数の間に相関関係があると言ってよいのか，その明確な基準は存在しません。研究領域や状況によって異なるので，その分野の資料を調べたり，専門家に聞いて確認したりする必要があります。

　また，分析の目的によっては，高い水準の尺度から情報量を減らして低い水準の尺度に変換して，質的変数として扱うこともあります。質的2変数間の連関を調べたい時には，クロス集計表をつくり，カイ二乗検定を用いて独立性や適合度を検討することが一般的です。

　質的変数でも量的変数でも，2変数間の関連性を調べることはできますが，因果関係を示すことはできません。

　変数が質的な性質を持つのか量的な性質を持つのか，その変数をどういった分析に用いるのか，ということを表5に示す知識の5W1Hフレームを使って振り返ってみましょう。

36）擬似相関とも言う。

表5　質的変数と量的変数に関する知識の5W1Hフレーム[37]

37）知識の5W1Hフレーム　第1章 P.25参照

Name	質的変数と量的変数
What	数値的に処理できるデータかどうかを区別する 数値的な性質をもたない：**質的変数**（名義尺度，順序尺度） 数値的な性質をもつ：**量的変数**（間隔尺度，比例尺度）
Why	変数の性質に応じて分析手法を適切に選択するため 知らないと正しい分析にならないから
Where	アンケート調査やテスト結果などを分析するとき 変数間に関連性の有無を知りたいとき
When	代替案発想過程と合理的判断過程
Who	変数が質的か量的かを知りたい人 統計的手法を用いてデータ分析を行う人
How	質的か量的かを判断し，クロス集計表を作成しカイ二乗検定をしたり，相関係数を求めたりする

　質的変数間での関連性があるかどうか調べるカイ二乗検定について，どういった分析に用いるのか，表6に示す知識の5W1Hフレームを使って振り返ってみましょう。

表6　カイ二乗検定に関する知識の 5W1H フレーム

Name	カイ二乗検定（独立性の検定）
What	2つの質的変数の間に関連性があるかどうかを調べる方法
Why	相関係数や t 検定では，質的変数同士の関連性がわからない
Where	2つの変数がともに質的変数である グループの違いによってある事象が起こりやすいか （例：性別によって海外渡航経験の有無に違いがあるか）
When	代替案発想過程と合理的判断過程
Who	統計分析ツールや Excel の関数を使える（または手計算できる）人
How	クロス集計表を作成し，期待度数と観測度数の差からカイ二乗値を求め，有意確率の値に基づいて仮説を検証する

1) この節では，問題解決の縦糸・横糸モデル（第1章P.21）に基づいて統計知識を実践していきましょう。

2．統計知識の実践 [1]

大学入学時のアンケート調査結果（100人）から，英語の点数（100点満点）と関係のある変数を調べる課題が出ました。

英語の点数は，海外渡航経験と関係があるんじゃないかな？

とりあえず，第1章で学んだ t 検定をやってみたけど…これでいいのかなぁ…

2.1 分析をする前に：データの特性の確認（目標設定過程 [2]）

2) ここでは，問題解決の縦糸・横糸モデルの目標設定過程（第1章P.21）を意識してデータ分析前にやるべきことを確認します。

Aさんは，英語の点数と海外渡航経験の間に関係があるのではないかと考え，さっそく t 検定をやってみましたが，本当にこのやり方でいいのか，自信がないようです。何か知りたいことがある時に，いきなり分析を始めてしまうのは失敗のもとです。1章で学んだ「問題解決の縦糸・横糸モデル」を使って，順番に進めていきましょう。

「問題解決の縦糸・横糸モデル」はまず目標設定過程から始まりましたね。最初にデータに関する情報を集める必要がありました。表1に示したデータについて，調査方法や調査データを確認しましょう。アンケート調査は，図6に示した質問項目で実施しました。その他にも，調査対象者や調査の実施状況（いつ，どのように実施したか，データの回収方法・回収率）等についても確認しましょう。

質問項目	回答方法
英語力確認テストは何点でしたか？	0〜100点
英語をもっと学びたいですか？	5段階評価※
これまでに何年間英語を学習しましたか？	整数
海外に行ったことはありますか？	あり（1），なし（0）

※5段階評価の選択肢

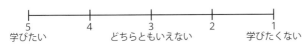

図6　新入生　英語学習に関するアンケート

収集した情報を基に，第1章で学んだデータクリーニングを行います。異常値や誤記について確認するだけでなく，各変数の尺度の水準についてもここで確認をする必要があります。尺度の水準によって，用いることができる統計分析は異なってきます。各変数の尺度水準について確認してみましょう。

まず，英語力確認テストの点数は，0点をそのテストで正答がなかっ

たと考えれば比例尺度と言えるでしょう。しかし，英語力確認テストは英語力を確認するための方法の一つであり，0点は英語力がないことを意味するわけではないと考えれば，比例尺度ではなく間隔尺度あるいは順序尺度であると解釈されるかもしれません。海外に行ったことがあるかについては，行ったことがある人達とない人達と2つのグループに分けると考えれば名義尺度であると解釈できますし，海外に行った回数が1回以上の人と0回の人と考えると（そこには順序関係が見いだせるので）順序尺度であると解釈できるでしょう。さらに，英語をもっと学びたいかといった心理的な特性を5段階評価で聞く場合，順序尺度とみなす場合のほかに，間隔尺度と仮にみなして分析することもあります[3]。自分が知りたいと思っていることは何かをあらかじめ考え，分析の目的に合わせて，どの尺度水準に当てはまるのか適切に判断することが大切です。実際には，アンケート調査をする前にこのような目的を考えて，質問のしかたや回答の書き方を工夫することが必要となります。

3) 間隔尺度　P.33 側注

　尺度水準について判断ができたら，第1章で学んだ図表や基本統計量を使って，データの特性を確認しましょう。質的変数か，量的変数かによって適切な図表化や求める基本統計量は異なりました。ここでは，英語の点数を量的変数と判断しヒストグラム[4]（図7）を，海外渡航経験の有無を質的変数と判断し度数分布表（表7）を作成しました。

4) ヒストグラム　第1章 P.13

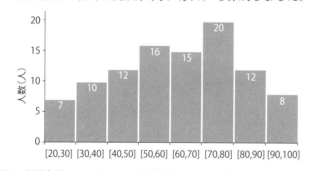

図7　英語点数のヒストグラム（平均値62.80，中央値64.50，最頻値60）

表7　海外渡航経験についての度数分布表

海外渡航経験	人数
あり（1）	67
なし（0）	33
合計	100

　データに関する情報収集が終わったら仮説について考えます。Aさんは「海外渡航経験と英語の点数に関係があるんじゃないかな」と予測していますね。このままではどのように統計分析をしたらよいのかわか

らないので，日常的な言葉を統計処理に適した表現に変換し，具体的な
統計手法へと言い換えてみましょう[5]。

5）表現の変換
第1章 P.25

　例えば，「海外渡航経験がある人ほど英語の点数が高い」「海外渡航経
験がない人よりもある人の方が，英語の点数が高い」「海外渡航経験が
ない人よりもある人の方が，英語の点数が高い人の数が多い」などと言
い換えることができそうです。それでは，これらの仮説を検討するため
には，どんな分析ができるでしょうか。

2.2 統計手法を発想しよう（代替案発想過程[6]）

6）ここでは，問題解決の
縦糸・横糸モデルの代替
案発想過程（第1章 P.21）
を意識して複数の統計手
法を発想していきます。

　仮説を検討するとき，ただやみくもに思いついた分析をやってみても，
思った通りの結果を得られないことが多くあります。発想した仮説を統
計分析ができる具体的な仮説（統計的仮説）に変換して，様々な分析手
法（代替案）を発想することが大切です。先ほど発想した3つの仮説に
ついて，1つずつ具体的に言い換えてみましょう。

　1つ目の仮説「海外渡航経験がある人ほど英語の点数が高い」は，可
能であれば「海外渡航経験の回数が多いほど英語の点数が高い」すなわ
ち，「海外渡航経験回数と英語の点数の間には正の相関関係がある」と
言い換えたいところです。この仮説の場合は，相関係数[7]を使うこと
が想定されますが，今回，手元にあるデータは「海外渡航経験があるか
どうか」であり渡航回数のデータではありません。水準が高い尺度の変
数を低い尺度水準に変換することはできます[8]が，その逆はできません。
ピアソンの積率相関係数は2変数が間隔尺度以上の水準でないと使えま
せんので，今回のデータでは用いることができません[9]。

7）相関係数　P.34

8）尺度水準の変換　P.32

9）海外渡航経験を順序尺
度と見なせば，スピアマ
ンの順位相関係数やケン
ドールの順位相関係数を
求めることで，仮説を検
討できる。

　2つ目の仮説「海外渡航経験がない人よりもある人の方が，英語の点
数が高い」を統計的仮説に変換すると「『海外渡航未経験群』よりも『海
外渡航経験群』の方が英語の点数の平均値が高い」となります。この仮
説のように2群の平均値を比較したい時には，t検定[10]が使えました。

10）t検定　第1章 P.15

　3つ目の仮説はどうでしょうか。「海外渡航経験がない人よりもある
人の方が，英語の点数が高い人の数が多い」を統計的仮説に変換すると，
「海外渡航経験の有無で，英語の点数の高・低の分布が異なる」，すなわ
ち「海外渡航経験と英語の点数は独立ではなく連関している」と言えま
す。この仮説のように2つのグループの関連性を調べたい時には，クロ
ス集計表を作成し，カイ二乗検定が使えました。独立性の検定をするに
は，質的変数である必要があります。しかし，今回の英語の点数のデー
タは間隔尺度（もしくは比例尺度）であり，量的変数です。水準が高い
尺度の変数を水準が低い尺度に変換できます[11]から，英語の点数を質

11）尺度水準の変換　P.32

的変数に変換することは可能です。ただし，水準の低い尺度に変換することで本来その変数が持っている情報の一部は失われてしまうため，安易にすべき方法ではありません。基本的には質的変数にする妥当な理由がある時にのみ選択した方がよいでしょう。例えば，図7で示したように，点数が正規分布ではなく，2つの山ができて低得点群と高得点群に分かれているといったときは，2つのグループに分けて質的変数として分析した方が適切だと考えられます。

このように，これまで学んだ統計分析の手法を使って分析できないか，様々な分析手法を発想することが大切です。

ここまでの流れを，問題解決の横糸の手順[12]に当てはめて整理してみましょう。

12）問題解決の横糸の手順　第1章 P.23

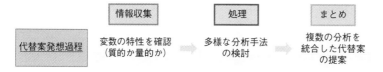

図8　分析手法選択における代替案発想の流れ（問題解決の横糸の手順）

2.3 分析結果から仮説を検証できるか確認してみよう（合理的判断過程[13]）

13）ここでは，問題解決の縦糸・横糸モデルの合理的判断過程（第1章 P.21）を意識して分析結果を検証していきます。

2.2節では，「海外渡航経験と英語の点数に関係があるんじゃないかな」という疑問を，統計的仮説に変換し，様々な分析手法を発想しました。合理的判断過程では，発想した分析手法について，問題点がないか，よりよく改善できないか，ということを，『**合理的判断のフロー図**』（図9）を使って検討します。検定結果が有意かどうかを見ることだけに意識が行きがちですが，他にも注意すべき点があります。

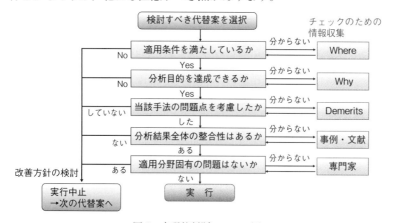

図9　合理的判断のフロー図

それでは，実際に検討してみましょう。

(1) *t* 検定を使って分析できるか

第 1 章で学んだ *t* 検定[14] を使って分析すると，今回 A さんが知りたい「海外渡航経験と英語の点数に関係があるんじゃないかな」という疑問を変換して得られた統計的仮説「『海外渡航未経験群』よりも『海外渡航経験群』の方が英語の点数の平均値が高い」を検討することができるでしょうか。

まず，合理的判断のフロー図に従い，*t* 検定の適用条件を確認します。適用条件は，第 1 章で学んだ *t* 検定の知識の 5W1H フレーム[15] の Where 部分を思い出します。*t* 検定の時には，独立変数が質的変数，従属変数が量的変数でなければいけません[16]。また，各群の従属変数の分布が正規分布に従っていること，従属変数の分散が等質であることも前提条件でした。図 7 を見てみると，山が 2 つあるようにも見えて，正規分布に従っていると言っていいのか，はっきりしません[17]。正規分布であることを確認してから，*t* 検定を行いましょう[18]。

(2) クロス集計・カイ二乗検定で分析できるか

今回 A さんが知りたいと思った「海外渡航経験がない人よりもある人の方が，英語の点数が高い人の数が多い」を統計的仮説に変換すると，「海外渡航経験の有無で，英語の点数の高・低の分布が異なる」，すなわち「海外渡航経験と英語の点数は独立ではなく連関している」かどうかを，クロス集計とカイ二乗検定を使って分析できるでしょうか。先ほどと同じように，図 9 に示した合理的判断のフロー図を見ながら，具体的な流れを追ってみましょう。

まず，適用条件を確認します。**カイ二乗検定に関する知識の 5W1H フレーム**[19] の Where 部分を思い出します。カイ二乗検定を行うためには，2 つの変数がともに質的変数である必要がありました。海外渡航経験は有り・無しの名義尺度（もしくは渡航回数が 1 回以上と 0 回と見ることで順序尺度）なので質的変数であると言えます。一方，英語の点数は，間隔尺度（もしくは比例尺度）なので，量的変数です。量的変数を質的変数に変換するために，例えば，データ全体の平均値を閾値とした低得点群と高得点群の 2 つのグループに分けて取り扱う方法が考えられます。クロス集計表を作成[20] し，カイ二乗検定を行ってみましょう。

14) *t* 検定　第 1 章 P.15

15) *t* 検定の知識の 5W1H フレーム　第 1 章 P.25

16) 独立変数と従属変数　第 1 章 P.29

17) ヒストグラムを作る際の区間の区切り方や測定誤差によって，複数の山が見えている可能性も考えられる。気になる場合は，*t* 検定を行う前に，Q-Q プロット（第 1 章 P.15）を描き，データが正規分布に従っているかどうか確認する。

18) 正規性が確認できない場合，対応のない *t* 検定の代わりに，対応がない 2 条件の中央値の比較を行うマン・ホイトニーの検定やウィルコクソンの順位和検定を行う方法がある。

19) カイ二乗検定に関する知識の 5W1H フレーム　P.37

20) Excel でクロス集計表を作成するには，ピボットテーブルを使用する。

表8　海外渡航経験の有無×英語の点数のクロス集計表

	高得点群	低得点群	合計
海外渡航経験有り	36	31	67
海外渡航経験無し	17	16	33
合計	53	47	100

　カイ二乗検定を行った結果，$\chi^2 = 0.04$，$p < 0.05$ となり，海外渡航経験の有無と英語の点数は独立ではなく，2つの変数の間には連関があると言えそうです。Aさんはもともと「海外渡航経験と英語の点数に関係があるんじゃないか」ということが知りたかったので，分析目的を達成したと言えるでしょう。また，表8を見てみると，海外渡航経験有り群と無し群を比べると，有り群の方が高得点群の人が多いので，「海外渡航経験がない人よりもある人の方が，英語の点数が高い人の数が多い」ということも確かめることができたように見えます。しかし，カイ二乗検定の結果は，表全体を指しており，どこのセルが有意に連関しているかについてはわからないので注意が必要です[21]。このように，カイ二乗検定の問題点（表全体の傾向は分かるが個別のセル同士の連関についてはわからない）についても考慮する必要があります。

　さらに，合理的判断のフロー図に従って検討を進めます。代替案発想過程で複数の分析を発想して行った場合には，それらの分析で得られた結果の間に不整合がないか確認することが重要です。例えば，t 検定の代わりにマン・ホイトニーの検定やウィルコクソンの順位和検定を行ったり，ピアソンの積率相関係数の代わりにスピアマンの順位相関係数やケンドールの順位相関係数を求めたりした場合，それらの結果と比べてみて，結果に一貫性が得られるのか，確認してみましょう。

　また，英語の成績や学力と海外渡航経験についての関連要因を検討した事例や文献がないか調べ，そこで得られた結果と同じような結果が得られているかについても検討する必要があります。

　合理的判断のフロー図の最後の段階として，適用分野固有の問題はないか確認します。例えば，相関係数を求めた場合，どのくらいの数値であれば，関係があると判断してよいのか，その解釈は適用分野によって異なります。先行研究でどの程度の相関係数で関係があると解釈しているのか調べてみましょう。

　このように，合理的判断過程では，代替案発想過程で発想した代替案それぞれについて妥当性を検討します。これを踏まえて，合理的と言えるいくつかの代替案に絞り込みます。

21) 本書では扱わないが，残差分析という手法を用いることで，クロス集計表の中のどの観測値が検定結果に影響しているかを把握することができる。

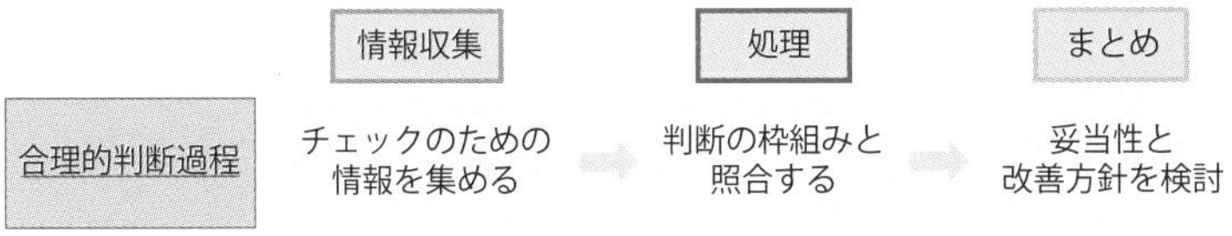

| 情報収集 | 処理 | まとめ |

合理的判断過程 → チェックのための情報を集める → 判断の枠組みと照合する → 妥当性と改善方針を検討

図10　合理的判断の流れ（問題解決の横糸の手順 [22]）

22) 問題解決の横糸の手順　第1章 P.44

23) ここでは，問題解決の縦糸・横糸モデルの最適解導出過程（第1章 P.21）を意識して結論を導き出します。

2.4 仮説の検証結果をまとめ，結論を導く（最適解導出過程 [23]）

　最後に，結果をまとめ，結論を導き出します。これは，問題解決の縦糸・横糸モデルでは最適解導出過程に該当します。この過程についての詳細は第3章で説明します。ここでは，授業のレポート課題として提出する際にまとめる際のポイントを確認しましょう。

　今回は，大学入学時のアンケート調査結果から，英語の点数と関係のある変数を調べるという課題でした。Aさんは英語の点数と海外渡航経験の間に関係があるという仮説を立てて分析を行いました。

　1つ目の仮説「海外渡航経験回数と英語の点数の間には正の相関関係がある」については，今回与えられた調査結果では海外渡航経験を量的変数とみなせなかったため，分析できませんでした。アンケート調査の時点で海外渡航の回数を質問する，などの改善が考えられますが，今回はこの仮説の検証はできませんでした。

　2つ目の仮説「『海外渡航未経験群』よりも『海外渡航経験群』の方が英語の点数の平均値が高い」については，t検定を行うことができました。

　3つ目の仮説「海外渡航経験と英語の点数は独立ではなく連関している」については，英語点数の高得点群と低得点群の2群に分けて，海外渡航経験の有無との関連性をクロス集計により調べました。カイ二乗検定の独立性検定の結果，この2変数の間には関連性があることがわかり，海外渡航経験がない人よりもある人の方が英語の点数が高い人が多い，ということがわかりました。すなわち，英語の点数と関係のある変数として，海外渡航経験をあげることができます。

　これらの仮説検証結果を踏まえて，Aさんは「海外渡航経験が英語の点数と関係があると考えられる」と結論づけました。これはあくまで一つの分析例で，他の分析をしたら別の結論が導き出されるかもしれないことに注意が必要です。

3．まとめ－典型的な分析事例－

　本章では，2変数の関連性を調べる方法と，質的変数・量的変数，尺度水準について解説しました。扱うデータの特性を把握し，質的変数どうしの関係を調べたいのか，量的変数どうしの関係を調べたいのか，量的変数を質的変数に変換するのか，などを考える必要があることを学びました。量的変数どうしの分析には，相関係数を使います。質的変数どうしの分析には，クロス集計を使います。クロス集計表に用いる検定手法として，カイ二乗検定についても学びました。

　なお，本章で扱った分析手法は2変数の関連性を調べるものですが，いずれにおいても変数間の因果関係を知ることはできないことに注意する必要があります。

第3章

t検定とクロス集計でグループ間比較は完璧？

t検定を使えば，2つのグループの平均値に差があるかどうかを確認できます。それでは，3つのグループの平均値の差を確認するには，どうすればいいでしょうか。また，2つのグループ（例えば，クラス）が，さらに男女の2グループに分けられる時や，スポーツテストなどで今年と昨年の結果も比較したい時などはどうしたらよいでしょうか？

［分散分析と多重比較］

1．分散分析

1.1　分散分析はどんなデータに使うのか

t 検定で2つのグループの平均値の差を確認できるなら[1]，3つのグループの平均値の差についても，グループの全ての組み合わせに対して t 検定を繰り返し使えば，確認できそうです。グループが増えてきたら，平均値の高い順に並べて，比較する組み合わせの数を減らすというアイデアも考えられます。しかし，この考え方には，誤った判断をしてしまう可能性が高まるという問題[2]と，仮説の意味の違いという問題[3]があります。

後者の問題について，体育の指導法を工夫している小学校の先生が，表1のようなスポーツテストの結果から，自分の指導法の有効性を検討したいと思った時のことを考えてみましょう。

表1　ある学校の生徒の昨年と今年のボール投げの記録（m）[4]

個人識別番号	クラス	性別	年度	
			昨年度	今年度
1001	A	男子	25.30	30.50
1002	A	女子	11.00	14.00
…				
1016	B	女子	16.20	18.90
1017	B	男子	18.30	20.50
…				
1031	C	男子	30.40	30.90
1032	C	男子	24.20	28.30

「自分の指導法の方が効果がある」を「自分が指導したA組の方が他の先生が指導した組[5]より結果が良い」と表現を変換し，今年度の結果をクラス間で t 検定するという代替案を考えます。しかし，それで差が見られても，既に昨年度の時点でA組の結果の方が良かったのかもしれません。そこで，昨年度から今年度にかけての伸びを比較してはどうでしょう。しかし，もともと記録の良い人の方が記録は伸びにくいかもしれません。また，クラスによって男女比が異なり，その年齢では女子の記録が伸びやすい傾向があるとしたら，クラス間の差は男女比が原因かもしれません。

このように，さまざまな理由で差が生じる可能性がある時に，「**分散分析**」の活用が考えられます。分散分析は，分散を使って母平均を検定する分析です[6]。t 検定も母平均の検定を行うという意味では似ていますが，分散分析は3つ以上の平均値に差があるかどうかを検定します。

1）2章の t 検定を確認すること。5% の有意差があるというのは，差が無いのに差があると判断してしまう可能性が5%あるという意味。

2）検定を繰り返すこと
→巻末注1

3）①グループの違いで差が生じることと，②1組でも差がある組み合わせがあること，③全てのグループ間に差があること，は全て異なる仮説。

4）表1のデータは Web サイトでダウンロードできる。

5）表1では分かりにくいが，クラスはC組までありここではB組とC組を1つのクラスとみなしてA組と比較することを想定する。

6）分散分析について
→巻末注2

50

ただ，分散分析をするだけでは差があるということしかわからず，3つのどの組み合わせに差があるかは多重比較を行って確かめることになります。

1.2 分散分析を学ぶ前に知っておくべき用語

最初に，分散分析で出てくる用語[7]をいくつか説明します。表1のクラスや性別，年度は，結果（ボール投げの記録（m））に影響を与えるかもしれない「**要因**」と呼びます。クラスにはA〜C組，性別には男・女，年度には昨年度と今年度がありますが，これら，要因の中の選択肢を「**水準**」と言います。選択肢がいくつあるかで，2水準，3水準，…という言い方をします。実験を計画する時は，要因と水準を明確にすることが重要になります。なお，表1のデータの場合，クラスごとに指導法が異なればクラスを要因として取り上げることは重要ですが，同じ指導を行ったなら，クラスを要因としては取り上げない場合もあります。

クラス要因は一人が複数の値を持つことはできません。一方，年度要因は，同じ人のデータがそれぞれの年度ごとにあります。人によって水準が異なる要因を「**被験者間要因**」と呼び，同じ人が複数の水準の値を持つ要因を「**被験者内要因**」と呼びます。

分散分析には，「**一元配置**」「**二元配置**」「**多元配置（三元配置等）**」などの種類があり，本書では一元配置と二元配置を扱います。「**一元配置分散分析**[8]」は，1要因で3水準以上のデータを分析する方法[9]です。「**二元配置分散分析**」は要因が2つの場合で，表1のデータをクラスと年度の2要因で分析する場合などが考えられます[10]。分散分析では「**主効果**」という用語で，クラスによる差があるか，年度による差があるかに着目し，「**交互作用**」という用語でクラスによって年度による成績の良し悪しの傾向が違うかどうかに着目します。

分散分析で水準間の有意差を検証する手法として「**多重比較**」を使います[11]。例として，図1の場合を考えてみましょう[12]。

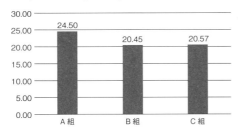

図1　多重比較の例（数値は今年度のクラスごとのボール投げの平均値（m））

7) 以下の用語を相互に関連づけて覚えることが大切。
・要因と水準
・一元配置，二元配置，多元配置
・被験者間要因と被験者内要因
・多重比較
・主効果と交互作用

8) 一元配置分散分析を一要因分散分析と言うこともある。

9) 1要因で2水準の場合は*t*検定を使う。

10) これ以外に，クラスと性別の2要因で分析する場合なども考えられる。なお，クラスと性別と年度の3要因で同時に分析するなら，三元配置分散分析になる。

11) 一元配置では3水準以上であることを前提とする。

12) この時点では，主効果は認められたとする。しかし，A組とB組，B組とC組，A組とC組のいずれに差があると言ってよいのかわからない。どの組とどの組の間に有意差があるといえるのかを確定するのが「多重比較」である。

統計ソフト[13]を使って多重比較をすると，A組に対してB組とC組，B組に対してA組とC組，C組に対してA組とB組それぞれの組み合わせのすべてに検定の結果が出力されます。A組とB組，A組とC組の間にそれぞれ有意差があるとした場合，B組よりA組の方が，またC組よりA組の方が平均値が高いと結論づけられます。

二元配置分散分析では要因が2つ，各要因に水準が2つ以上あります。各要因の主効果と多重比較は，一元配置分散分析と同様の見方をします。それに加え，2つの要因が関連し合って影響を及ぼす可能性（交互作用）を検討します。図2には実験結果のイメージ図を示しました。このグラフを見ながら交互作用を考えてみましょう[14]。要因はクラス（A組を実験群とし，それ以外のクラスを統制群とする）と年度（昨年・今年）の2つ[15]です。図2の(a)は，どの平均値もほぼ同じで，主効果も交互作用もない場合です。(b)や(c)は，主効果があり交互作用が無い場合ですが，(b)は年度のみ，(c)は年度とクラスの両方の主効果があります。(b)の分析を深めるなら，全クラスを1つにまとめてもいいでしょう。

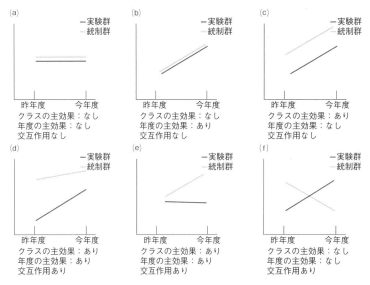

図2　2要因（各2水準）のさまざまな結果のパターン

(d)は，クラスも年度も主効果があり，さらに2つの要因の間にも交互作用があります。グラフから，昨年はA組（実験群）とB＋C組（統制群）の平均値の差が高かったのですが，今年は両方とも成績が上がり，かつ，差が縮まっています[16]。(e)は，クラスか年度のいずれか（あるいは両方）に主効果が見られ，交互作用も見られる場合ですが，特徴は今年のA組の平均値だけが上がっている点[17]です。(f)は，昨年と今年で平均値が逆転してしまったパターンです。この場合，2つの要因のど

13) 代表的なものに「R」「Rcmdr」「Excel統計」「SPSS」などがある。Excelの分析ツールを使うと，一元配置・二元配置（繰り返しのある・繰り返しのない）の主効果の分析ができるが，多重比較は用意されていないので，工夫して分析する必要がある。

14) ここでは指導法を工夫したA組（実験群）と従来通り行ったBとC組を合わせたクラス（統制群）の比較を考える。交互作用について考えるタイミングは，①実験を計画するとき，②データから解析について推測するとき，③解析後に交互作用が出たとき，がある。

15) 要因の「クラス」は被験者間要因，もう1つの要因の「年度」は被験者内要因になる。被験者間か被験者内（反復測定ともいいます）は必ず要因ごとに確認しよう。

16) A組は昨年度，たまたま調子が悪かったのかもしないし，A組の先生の指導法が良かったのかもしれない。

17) A組とそれ以外で指導法が異なるなら，A組の指導法が効果的だった可能性がある。一方，B＋C組が伸びなかった理由も検討が必要だろう。感染症や災害の影響で授業以外に運動ができなかったなどの理由も考えられる。なお，片方は変化せず，もう片方だけが下がるというパターンもありうる。

ちらも主効果が無く交互作用だけが有意に出ています。A組とB組＋C組で指導法が異なるのであれば，A組についてはA組の指導法に効果があるが，B組＋C組は教えることで下がっているので教えたことで混乱をさせてしまった可能性があります。特にこの場合はB組＋C組の指導法が学習者の特性に合っているかどうか検討しなおす必要がありそうです[18]。なお，(d)〜(f)のように分散分析で交互作用が確認される場合は，各要因の水準ごとの多重比較を行い，どこに有意差があるのかを確認する必要があります。

分散分析のポイントは，一元配置では「多重比較」，二元配置以上では「交互作用」になります。仮説を検証するには，実験計画の際に要因と水準を統制する必要があります。また，分析前に図2のようなグラフを描いて，主効果と交互作用について見当をつけたり，分析後にグラフを確認して仮説と合っているか考えたり，グラフから予測される解釈を考えたりすることも大切です。

表2は，「分散分析」に関する5W1Hのフレームを表に示したものです。1章・2章にしたがって確認しておきましょう[19]。

表2 「分散分析」に関する5W1Hのフレーム形式

知識の名称 （NAME）	分散分析（ANOVA）と多重比較
概要 （WHAT）	データの散らばりを誤差と条件の違いによる影響等とに分解し，条件の違いの効果を検証
学ぶ目的 （WHY）	多数（3つ以上）の実験条件について効果を比較する場合，t検定を繰り返し適用するのは有意水準が上昇してしまうため適切ではない。また，2要因2水準以上にはt検定は適用できない。
領域 （WHERE）	比較する水準が3つ以上の場合（一元配置分散分析）2要因2水準以上の場合（多元配置分散分析），個々の条件ではなく，条件のおおざっぱな違いによる効果を検証する。指導法の違いによる要因と事前・事後要因の検証等の比較の場合に使う。
必要な場面 （WHEN）	代替案発想，最適解導出の追加分析，目標設定の事前分析。
知識の利用者 （WHO）	統計分析ツール（Rなど）を使える。Excelの高度利用（分散分析表を算出できる）
仕組み （HOW）	効果のある要因での多重比較（一元配置分散分析）。要因と水準の交互作用（多元配置分散分析）。

18) その指導法の使い方には十分な配慮が必要である。各集団と指導法とに何らかの相性があると仮定して，その学習者特性を新たな視点で探る必要がある。

19) 1章 P.26 の表3を参照すること。

2. 分散分析（一元配置から二元配置分散分析へ）

表1のデータについて，3人の先生が議論しています[1]。

A先生：私以外に，B先生もC先生も指導法を工夫していたんだね。誰の指導法が一番効果的かな？

B先生：どれが一番かより，本当に効果があるのかを確かめる必要があると思うけど。

C先生：生徒によっても効果の有り無しが違うかもしれないよ。例えば，男女差とか。

B先生：そう言えば，A先生，放課後にも指導してませんでした？指導時間でも差が出ますよねぇ？

2.1 問題を分析し，仮説を設定しよう（目標設定過程）

　統計分析では，まず，検討すべき仮説を設定する必要がありました。指導法の効果については，何をもって「良い」指導法だと判断するのか，また，効果の程度の違いが明確なのか，などを考える必要があります。「良い」を統計的な表現に変換すると，例えば，投げたボールの飛距離の平均値が高いとか，分散が小さい，といった言い替えが考えられます。「効果が明確か」は，統計的に有意な差があるか，などと言い替えられます[2]。

　特定の種目に焦点を当てた指導法の効果は，その種目にだけ現れるかもしれません。しかし，筋力を高める指導法なら，いろいろな種目に効果があるかもしれません。その場合，どれくらい幅広く効果が出るか，が良さの観点になるかもしれません。あるいは，どの変数に有意な効果が現れるか，指導時間と有意な相関がある効果の変数はどれか，といった仮説になるかもしれません。

　一方，教育の効果に関しては，適正処遇交互作用[3]という現象が見られる場合があることが知られています。例えば，同じ指導法を使っても男女で効果に違いがあるとか，瞬発力を高める指導法が持久力の高い子には有効で低い子には逆効果であるなどです。このような場合，男女によらず，ある指導法が他の指導法よりも優れていると言えるか，といっ

1) ここで議論しているのは，体育の授業におけるボール投げの指導法。A先生は投げるフォームに重点を置いて，B先生は腕の筋力を高めることに重点を置いて指導した。C先生は，野球解説者の「投手はランニングが大事」という発言をヒントに，走り込みに重点を置いて指導した。

2) 他にも
・順番は？
・○番と×番は差がある？
・平均値が高くても個人差が大きくていいの？
・もともと成績の良いクラスは効果が出にくいかも。
などが考えられる。

3) 適性処遇交互作用とは。
→巻末注3

た仮説を立てることになるかもしれません。

　結局，3人の先生は，統計的に見て指導法の効果に違いがあると言えるのか，あるならどの指導法が一番効果的か，を確かめることにしました。そのために使うデータは，表1のスポーツテストの今年度のボール投げの結果です。念のためにデータクリーニングをしながら，昨年度と今年度のボール投げの記録について，クラス別，男女別の基本統計量も求め，表3にまとめました[4]。

表3　表1のデータに関して求めた基本統計量

	A	B	C	男	女
昨年度	18.28	19.00	19.87	22.21	16.03
今年度	24.50	20.45	20.57	24.99	18.83

　ここまでの作業で，既にデータはExcelのシートに入っており，3人ともExcelの使い方には慣れています。でも，それ以外の統計ツールなどは使ったことがありません。そこで，Excelで分析できる範囲で作業をすることにします。毎日授業が忙しいので，これから2時間程度で作業を済ませたいと思います。結果を論文化するわけではないので，来年度にどんな指導をしたら良いか，自分達が納得できる結論を導ければ十分です。なお，学校の授業で指導する以上，一部の子どもにだけ効果があるという指導法でない方がいいということは3人とも思っています。

2.2 統計手法を発想しよう（代替案発想過程）

　求めたい解や作業の方針が決まったところで，次に，どのような分析をすれば目的を達成できるか考えていきましょう。各クラスの今年度の平均点は，高い方から，A組，C組，B組の順ですが，B組とC組は大差無さそうです。3つのクラスは今年度になってクラス換えしたばかりで，ボール投げの指導は今年になってからですから，指導法の効果に統計的な差があるか，どれが一番効果的かをまずは確認するなら，A組とC組で今年度の記録に関する平均値の差の検定をすればよさそうです[6]。t検定なら，Excelを使うだけで簡単に実行できそうですね。

　簡単に求まるなら，A組とC組以外に，C組とB組も比較すればよいですし，近いもの同士の間に差が無くても，A組とB組の間になら差があるかもしれません。また，B組とC組は差がなさそうなので，A組とB＋C組で検定してみるのもよいかもしれません。

　しかし，知りたいのは一番効果的な指導法なので，「効果→記録の伸び」と言い替えると，今年度の記録よりも，「伸び＝今年度の記録−昨年度

4）表3では，全クラスの男女別平均点を求めているが，クラス別に男女の平均点を求めると，さらに詳細な傾向が分かるかもしれない。その場合は，ExcelのAVERAGEIFS関数を使って，クラスと性別の条件を指定しながら平均値を求めるといいだろう。

5）Excelでの分析ツール→巻末注4

6）これは，子ども達のボール投げの能力については無作為にクラス分けしたと仮定して，昨年度の記録を確認する必要は無いと判断したことを意味する。

の記録」という変数を新たに作って，伸びについて上述のようなクラス間の t 検定をする方法もあるでしょう。

　一方，「効果がある→昨年度の記録＜今年度の記録」と言い替えれば，まずはクラス間の比較をするよりも，各クラス内で記録が有意に伸びているかどうかを t 検定する方法もありそうです。有意な伸びが見られなければ，その指導法は効果が無いので，どれが一番かを議論する際の対象にする必要も無いでしょう。

　さて，t 検定なら Excel で簡単に処理できそうですが，B 先生が，「そう言えば，3 つのグループを比較する時は，分散分析という方法を使うようにと大学の授業で習った記憶がある。」と言い出したので，信頼できそうな Web サイトで調べたところ，確かにそのような説明が書かれています。でも，B 組と C 組を一緒にして A 組と比較するなら，3 グループではなく 2 グループだし，年度間の比較も t 検定で良いように思います。まずは，ここまでに考えた案を表 4 にまとめてみましょう。

表 4　ここまでに発想した代替案

①今年度の記録をクラス間で比較	t 検定する案 分散分析する案
②伸びを求めてそれをクラス間で比較	t 検定する案 分散分析する案
③クラスごとに昨年度と今年度の記録を比較	各クラスで対応のある t 検定→有意差があったクラス間で伸びの t 検定

2.3　良さそうな案を批判してみる（合理的判断過程）

　表 4 の案の中で，どれを選ぶのが良さそうでしょうか。案③は効果が見られたクラスの間だけで t 検定すればいいので，もし，効果が見られるのが 2 クラスなら，t 検定だけで結論が下せるかもしれません。しかし，3 クラスとも効果が見られたら，比較するクラス（水準）が 3 つになるので，一元配置分散分析をした方がいいかもしれません。3 クラスとも効果があるなら，2 クラスをまとめて 1 つにしてしまうのは適切ではないでしょう。

　一方，①案は，B 組と C 組とで，平均値に差が無さそうなので，まとめて A 組との間で t 検定すれば済みそうです。でも，差が無さそうだと決めつけて，結果の信頼性に問題は無いでしょうか。また，今年度の記録だけで指導法の効果があると言っていいのでしょうか。せっかく昨年度のデータがあるなら，それを活かして効果を議論した方が説得力は高まりそうです。

　以上を考えると，②案は，効果（伸び）についてクラス間の t 検定を

しているので，「どれが一番効果的か」を言うには適している気がします。一元配置分散分析を使えば，指導法の主効果があるかは分かりますし，多重比較をすれば，どの指導法とどの指導法の間に差があるかもわかるでしょう。でも，今ここで知りたいのは一番効果的な方法だけなので，分散分析をするまでも無く，伸びの平均値が低い2つのクラスを合わせて，伸びの一番大きいクラスと比較するだけではダメなのでしょうか。

どうしてもよく分からない時は，必要に応じて本やWebで調べたり，助言を得たりして，疑問点を解消するのに役立つ情報を集めましょう。その結果，t検定を使うために2つのクラスをまとめてしまうのは，やはり問題がありそうだと分かりました[7]。そうなると，②案にしても③案にしても，分散分析が必要になりそうです。それなら，t検定をせずに分散分析だけで済む②案の方が簡単に済むような気がします。試しに，②案で一元配置の分散分析を行ってみましょう。

統計的仮説は，
「帰無仮説：クラス（＝指導法の違い）の主効果は無い」
「対立仮説：全てのクラスの平均が等しいとは言えない」です。

そして，1元配置の分散分析の結果，以下のような数値が得られました[8]。なお，平均値は表3のとおりです。

表5　一元配置の分散分析の結果

変動要因	変動	自由度	分散	観測された分散比	P-値	F境界値
グループ間	159.575	2	79.79	3.64	0.03	3.22
グループ内	920.131	42	21.91			
合計	1079.706	44				

ここで，大切な数値は「自由度」と「F値」と「有意確率」です。表から，自由度は（2，42），F値は3.642，有意確率は.035ということがわかります。有意確率をみると5%以下なので，帰無仮説は棄却され，対立仮説が採択されるので主効果があると判断されます。

しかし，これではまだ，どの組とどの組の間に差があるのかについてはわかりません。そこで，次に「多重比較」を行いたいと思います。しかし，Excelの分散分析ツールには多重比較をする機能はありません。それでもExcelで解決する方法[10]はありますが，以下は統計ツールで求めた結果です。

7) 第一の理由は，異なる指導法を受けた異質な集団を1つにまとめることの妥当性の問題である。第二の問題は，例えば，上位（あるいは下位）から順番に2グループ間の有意差を調べ，差が無ければ1つにまとめるという方法をとったとする。極端な場合，どんどんグループがまとまり，最後は全体が1つにまとまるかもしれない。しかし，最上位と最下位のグループを比較したら，有意差はあるかもしれない。

8) 分析の前に確認する「分散の等質性」については，t検定と同様に，すべての母分散が等しいことが仮定できるかどうかをまず確かめる。ただし，t検定や分散分析では，前提として等分散を仮定できる場合もできない場合もそれほど結果が変わらないと言われている。

9) グループ間の平方和とグループ内の平方和を足すと，合計の平方和になる。分散分析は，このようにデータの散らばりをその原因に分解し，その比を検定量として有意差を判断する。

10) Excelしか使えないようであれば，t検定をそれぞれ行い，5%の有意水準をよりきびしくするという方法がある。ボンフェローニの方法では，$0.05 \div 3$クラス＝0.017，つまり1.7%を5%のかわりに使って検定を行う。

表6　多重比較の結果 [10]

（Ｉ）クラス	（Ｊ）クラス	平均値の差 （Ｉ－Ｊ）	標準誤差	有意確率	95％信頼区間	
					下限	上限
A	B	4.053*	1.709	.022	.604	7.502
	C	3.933*	1.709	.026	.484	7.382
B	A	−4.053*	1.709	.022	−7.502	−.604
	C	−.1200	1.709	.944	−3.569	3.329
C	A	−3.933*	1.709	.026	−7.382	−.484
		.1200	1.709	.944	−3.329	3.569

＊平均値の差は 0.05 水準で有意です。

　ここでは，クラスとクラスの組み合わせにおける「有意確率」をみていきます。A組とB組の有意確率と，A組とC組の有意確率が，それぞれ 2.2%，2.6％と，5%以下であったので，A組とB組，A組とC組に有意差があると言え，B組とC組には差がない（有意確率は 94.4%）ということがわかりました。平均値の値から，A組（平均 24.50 m）はB組（平均 20.45 m），C組（平均 20.57 m）のどちらよりもボールを遠くに投げられた，と統計的にいうことができます。

2.4　分析方法を改善しよう（代替案発想過程２）

　2.2 節では，できるだけ t 検定で済ませられないかという観点からさまざまな代替案を発想しましたが，結果的に，分散分析を使うことは避けられそうにありません。それなら，分散分析を積極的に使って分析する方法も考えてみましょう。ちなみに，Excel では，一元配置だけでなく二元配置の分散分析もできるようですが，それ以上の多元配置分散分析はできないようです。

　二元配置分散分析には，「対応がある」「対応が無い」[11] の２種類があるようです。この言葉，t 検定でも出てきましたね。使い分けるために，情報収集して調べてみましょう [12]。今回のデータで言うと，「昨年度・今年度」のように，同じ人から複数回データを収集したような場合（被験者内要因）が「対応のある」と言うようです。2.3 節では，昨年度から今年度にかけての伸びを計算し，それを一元配置分散分析で検定しましたが，対応のある二元配置分散分析にかければ，新しい変数を作らずに検定ができて，作業効率が高まりそうです [13]。

　二元配置の分散分析は，要は，２つのグループ（場合）分けのための変数を指定して，それが着目する特定の変数の値に影響を与えているかどうかを分析する手法です。表１の場合は，「クラス」「男女」「年度」の３つの場合分け用の変数があり，ボール投げの記録という着目したい

11)「対応がある」は「繰り返しがある」「対応がない」は「繰り返しがない」と呼ぶこともある。

12) 交互作用を検討するとき，二元配置の分散分析では折れ線グラフを用いることが多い。被験者間要因別に，被験者間要因の水準を横軸にすると変化を検討しやすい。

13) 対応のある t 検定は，２つの変数の差について，その平均値が０か否かの検定を行うのと同じだった。しかし，対応のある二元配置分散分析は 2.3 節で行った伸びに関する一元配置分散分析と同じにはならない。二元配置では誤差の原因として交互作用も考えるからである。

58

変数の値があります。単純に考えれば，場合分け用の3つの変数から2つを選ぶ組み合わせが3通りありますから，それら全てについて二元配置の分散分析ができるでしょう。このうち，年度のみが被験者内要因になり，これを含む場合は，対応のある二元配置分散分析になります[14]。

しかし，場合分け用の変数が3つあるなら，本当は三元配置の分散分析をしたくなります。そのために，それが可能な統計ソフトを購入したり勉強したりする方法もありますが，今は二元配置までしか使えないExcelしかありません。この場合は，被験者内要因について，引き算をして新しい変数を作るという作戦が1つは考えられるでしょう[15]。もちろん，この方法は，三元配置分散分析と同じではないことは認識しておく必要があります。

いろいろな代替案が考えられ，Excelで実行すれば結果はでますが，大事なのは，仮説に戻ってそれを検証するにはどのやり方がふさわしいかを考えることです[16]。今回は指導法の効果を調べたいので，クラスで場合分けすることは必須でしょう。あとは，男女差を考える必要があるか，年度を要因として扱うか，伸びという変数として扱うかの選択です。3人とも「一部の子どもにだけ効果がある」のは望ましくないと思っているので，男女差があるのは望ましくないと言えるでしょう[17]。

次に，主効果，交互作用について詳細に説明します。主効果というのは，各要因のそれぞれの効果のことです。要因ごとに主効果があるので，要因数つまり，二元配置の分散分析では例えば「クラス」「年度」の2つの主効果があります。例えば，表1の，クラスについて主効果があった場合A組B組のそれぞれの平均点の高低で，年度に主効果があった場合，昨年度と今年度の平均点の高低で有意差があるといいます。次に交互作用についてです。先ほど説明した主効果は各要因の単独の効果のことでした。それに対して，「交互作用」は要因の組み合わせの効果のことです。

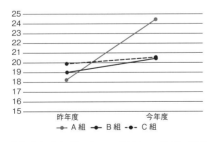

図3　昨年度と今年度のクラス別ボール投げの平均（m）

一元配置の分散分析では，3つのクラスだけでよかったのですが，そこに昨年度の記録と今年度の記録が加わったとき仮説はどう考えたらいいのでしょうか？　まずは，結果をグラフにしてみましょう。グラフにすると，仮説を考えるヒントになります[18]。

　昨年度と今年度をクラス別に平均値をみてみると，A組が一番伸びているようです。統計的にそのことがいえるでしょうか。要因は「年度」「クラス」です。水準は，要因「年度」については「昨年度」「今年度」の2水準，要因「クラス」については「A組」「B組」「C組」の3水準となります。これは，2×3の二元配置の分散分析とも言います。

　では，次に統計的仮説を立ててみましょう。2元配置なので，要因「年度」の主効果，要因「クラス」の主効果について，それぞれ

「仮説：すべての水準における母集団の平均は等しい」

「対立仮説：すべての水準における母集団の平均は等しいとはいえない」

という仮説を立てる必要があります。

　さらに，「年度」「クラス」の交互作用については，「クラス」の平均値の違いは，「年度」によって傾向が同じなのか異なるのか，などについて統計的に検討する必要があります。

　分析の結果，以下のような数値が得られました。

表7　二元配置の分散分析の結果

変動要因	変動	自由度	分散	観測された分散比	P-値	F境界値
標本（年度）	43.892	2	21.946	1.052	0.354	3.105
列（クラス）	174.835	1	174.835	8.382	0.005	3.955
交互作用（年度×クラス）	134.612	2	67.306	3.227	0.045	3.105
繰り返し誤差	1752.131	84	20.859			
合計	2105.471	89				

　表から「年度」については，自由度は（2.84），F値は3.105，有意確率は0.354で有意確率をみると5％以上なので，帰無仮説は棄却されず，有意な差があると言えません。「クラス」については，自由度は（1.84），F値は3.955，有意確率は0.00482なので帰無仮説は棄却されるため有意差があると言えます。ここまでが「年度」と「クラス」の主効果の検討です。

　二元配置で重要なのは，交互作用です。「年度×クラス」の交互作用は，自由度（2.84），F値は3.105，有意確率は0.0447で，有意確率をみると5％以下なので，帰無仮説は棄却され，有意な差があると言えます。

　要因「クラス」と要因「年度」の間に交互作用があったので，グラフを見て交互作用の解釈をします。図3のグラフをもう一度みてください。

18) 今回，主効果はなかったが，もしも要因「クラス」に主効果があった場合，「クラス」の水準が3つあるため，一元配置の分散分析と同様に多重比較を行い，どのクラスとどのクラスの間に有意差があるのかを検討することが必要。

60

こちらの図から，昨年度と今年を比べると，どのクラスもボール投げの平均値は伸びていますが，特にA組が他の2クラスと比較すると突出して伸びているということが交互作用の検定の結果，検証されたと言えます。つまり，昨年度と今年度を比べると，A組が他のクラスよりボール投げの距離が伸びていると結論づけられたといえます。

2.5 仮説が検証できたか考えよう（合理的判断過程2）

　さて，ここまで1元配置分散分析と多重比較，2元配置分散分析のそれぞれの要因の主効果・交互作用についてお話してきました。では，ここでこのデータの分析は完璧でしょうか？　他にやり残した分析や，気を付けた方がいいことはないでしょうか？

　まず，第一に検討するべきことは，2.4節までの分析で仮説を検証できたかということです。一元配置分散分析であれば，主に多重比較で水準のどことどこに統計的に有意な差があったのか，二元配置の分散分析においては主に交互作用があるかないか，あったとしたらどうしてそのような結果になったのか，などに着目して検討する必要があります。次に，分析の結果全体を見て整合性があるかどうかです。今回は，複数の分析を組み合わせたわけではないですが，分散分析に加え，他の分析を行うような場合，その結果との整合性のチェックは必ず必要になります。他には，例えば，今回の2.4節で行った二元配置分散分析は昨年度と今年度のデータの伸びを検討，つまり反復測定（対応あり）の解析を行いましたが，反復測定の時にもし，課題について難易度が違ったりすると前と後で何が影響をして変化をしたのかということが，前後の間に行った何かの指導法なのか，それとも課題の難易度なのかがわからなくなってしまいます。このように，反復測定のデータを解析するときには前後の課題についてしっかり吟味する必要があります。さらに，このデータには，性別のデータがあります。これについてはここまで触れてきていませんが，男女で違いがあるのかについては，気になるところです。もし，性別にも注目するのであれば，クラス(3)×年度(2)×性別(2)[19]の三元配置の分散分析を行うことも可能です。ただし，三元配置の分散分析については，交互作用の解釈が難しくなりますので注意が必要です。

　最後に，これはどの統計分析においても言えることですが，人を扱うデータの場合は「個人差」という側面を考える必要があります。本章ではクラスの指導法の違いを検討してきていますので，個人差が大きいか小さいかについては，必ず押さえておく必要があります。

19) クラスは被験者間（対応なし），年度は被験者内（対応あり），性別は被験者間（対応なし）となる。

2.6 レポートにまとめよう（最適解導出過程）

最後に，結果をまとめます。一元配置の分散分析，二元配置の分散分析をレポートや論文にまとめる例を紹介します。

一元配置の分散分析ですが，まず，表か図で水準の平均値，人数等（表の場合は標準偏差）を記載します。そして，検定の結果は，文章では以下のようにあらわします。

＜一元配置分散分析・多重比較の例＞

●有意差がある場合

○○について一元配置の分散分析を行った結果，5％水準で有意な差が得られた（F$_{(2, 565)}$=40.83, p<.05）。そこで多重比較を行ったところ，○と△，○と□，△と□いずれのペアにおいても5％水準で有意な差が得られた。

●有意差のない場合

○○について一元配置の分散分析を行った結果，有意な差が得られなかった（F$_{(2, 565)}$=2.01, ns[20]）。

次に，二元配置の分散分析を行った結果のレポートなどへの記載の仕方を示します。一元配置の分散分析と同様に，まず表か図で要因ごとに水準の平均値，人数等（表の場合は標準偏差）を記載します。文章では以下のように表します。

＜二元配置分散分析・交互作用の例＞

二元配置の分散分析を行った結果，○○の主効果（F$_{(1, 84)}$=3.955, p<.05），○○と▲▲の交互作用（F$_{(2, 84)}$=3.105, p<.05）がそれぞれ有意であった。▲▲の単純主効果は有意でなかった（F$_{(2, 84)}$=3.105, ns）。図○に示したとおり，○○（要因名）の××（水準名）と□□（水準名）が，△△によって異なっていることが明らかになった。

以上，一元配置の分散分析と二元配置の分散分析のレポートや論文への記載の仕方の1例を示しましたが，他にもいろいろ書き方はあります。専門分野の論文でどのように表現されているのか，複数の分散分析を用いている論文を探して，書き方を比較して検討してください。

20）有意でない場合は，ns と表記することが多い。ns は non-significant の略。

3．まとめ

　本章では，分散分析とそれに関連している実験計画について解説をしてきました。以下に，実験計画の手順と分析の手順を図にまとめたものを紹介します。

3.1 分散分析の手順

　まず，一元配置の分散分析ですが，Excel 分析ツールや統計ソフトを利用すれば解析した結果が一度に出力されますので，図4の順に結果を確認しましょう。

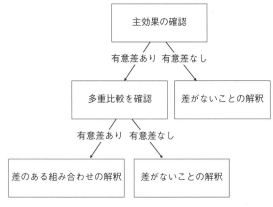

図4　一元配置の分散分析の手順[1]

　一元配置の分散分析の場合，主に仮説を検証するのは多重比較です。全体の解析つまり主効果が確認できなかった場合そこで終了になります。主効果が有意になれば，3つ以上つ水準の組み合わせの全部かどこか一部に有意な差があるということなので，多重比較の結果を見ることになります。

　次に二元配置です。統計的仮説ではなく，研究の仮説がどこにあるかで，確認をすることが違ってくることもありますが，主に交互作用が研究の仮説になる場合が多いので以下の図5では，最初に交互作用をチェックするということで示しています。研究の仮説が交互作用にあれば，交互作用を見ます。有意差がある場合は，交互作用の解釈をします。交互作用の解釈の際には，検定結果もそうですが，グラフを描いてみましょう。交互作用の解釈が終われば，要因（2元配置ならば2つ，3元配置ならば3つあるはずです）ごとの主効果を確認します。要因ごとの主効果の確認はよく見ると一元配置の分析の手順と同じ手順であることがわかるでしょうか。このように，要因が複数の場合は，要因間の関係（つまり交互作用を）みてから，各要因を個別に見ていく（次元を落と

1）この手順は一例であって，仮説によっては多重比較から確認していく場合もある。

していく）ように解釈をしていくのが主流です。

ただし，あくまでも研究における仮説を検証するためのものですので，仮説によっては図5の順ではないこともあります。二元配置の分散分析の場合は，主に交互作用が仮説になる場合に多く用いられる分析と言っても過言ではありません。

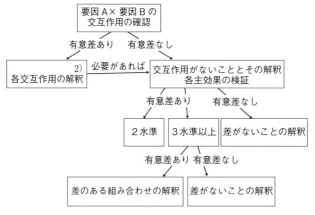

図5　二元配置の分散分析の手順

3.2　まとめ

第3章では，分散分析について，一元配置分散分析（対応なし），二元配置分散分析（対応あり×対応なし）を例に挙げて解析の仕方を説明してきました。t検定同様に分散分析は，平均値どうしに，統計的に差があるかどうかを行う分析です。複数の水準，複数の要因，要因間の関係を平均値の比較で検討していきます。

調査や実験を行う前に，要因と水準を洗い出し，どの組み合わせに統計的に差があると言えれば，その研究の仮説を検証できるのか，実験計画の段階でしっかりと考え，その上で調査や実験を行うようにしましょう[3]。

また，もしもデータはすでにあり，既存のデータを用いて解析を行う場合も，研究の仮説を検証するために必要な「要因」と「水準」をしっかり吟味し，一元配置の分散分析でよいのか，交互作用を検証するために2元配置以上の解析を行うのか，必ず解析を行う前にしっかり考えるようにしましょう。

2）平均値のグラフを作成すると解釈しやすい。

3）どのような結果が予想されるのか，仮説を立てる段階で，大雑把でかまわないので予想のグラフを描いて考えてみてもよい。P.52の図2にいくつかのパターンを示したが，実験の前に理論や知見から結果の予測を考え表にしてみてもよい。表や図にしてみると，要因と水準が明確になり何と何を比較すれば研究の目的や仮説を明らかにしやすい。

統計とコンピューター今昔 〜はてな？を学ぶワクワクを！〜

久東光代

　1970年代，大学生だった私は心理学を専攻しました。「心」を科学的に解明しようと目に見えない人間の感覚・知覚や判断の傾向を数値で捉えるために統計学が必須でしたが，知らず入学した私は，実験と数学，統計漬けの学生生活を送ることになりました。

　2年生で学んだ「心理統計」は講義中心で，確率論などの理論と，心理実験の結果を検証するために基本の平均や標準偏差，各種検定（T検定，分散分析，カイ二乗検定，相関分析など）の計算法を学びました。Σ，σ，μなど初めて扱うギリシャ文字に戸惑い，練習問題が解けずに同級の仲間たちと院生の先輩を捉まえて質問攻めにしました。当時はどの授業も通年開講でしたが，ピンとこないまま授業が終了しました。

　次の年，「心理学初等実験」で錯視や重さ，色などの感覚・知覚事象，記憶や認知，学習過程について基本の実験手法を踏襲し確認しました。単純な繰り返しで得られた実験データで，「心理統計」で学んだ手法を当てはめ各値を計算し統計の教科書にあるt分布表，F分布表などからp値を求め，実験条件による有意差を検討し終えて，やっと「あー！　こういうことだったのか！」と納得できました。当時はパソコンなど無く手計算，やっと購入した電卓が数万円，関数電卓には手が届きませんでした。4人グループで実験し，先生の指導の下説明に当たった院生作成のレジュメと分厚い参考書を頼りに，メンバー同士夜中に電話（もちろんイエデン！）で大量の数字を読み上げ計算し合うなど，ディープな協同学習とアクティブラーニングがすでに成立していたように思います。

　「数理心理学」の授業では，当時，世界的第一人者であった印東太郎先生が，黒板一杯に丁寧に数式や図を記述しながら相関係数の公式の意味，因子分析の基本の考え方やコンピューターの発達で築かれた解析手法であること，社会で起きる諸事象が統計学上の確率分布に従う，例えば「瞬間離婚率」，俗に言う3日，3か月，3年の離婚の周期が「ワイブル分布」に従うこと，人の視空間の認知がユークリッド幾何学に従っていないことなどを真摯に講義されました。黒板一杯の数式は理解不能でしたが，先生の姿と講義内容は何十年経っても忘れられません。

　また，多変量解析をしていた院生の先輩は，解析プログラムと大量のデータを組み込んだ何百枚ものパンチカードを情報センターの大型コンピューターで処理していました。今のパソコンよりずっと性能が劣り，でも教室ほどのスペースに設置されまさに大型，そこはどの教室より冷房が効き夏は快適でした。パンチカードをダダーッと

読み取ると結果が出るのは翌朝，今思うと，なんとゆったりだったことでしょう！

　縁あって女子大学のコンピュータセンターで，教育用の情報環境とインターネット環境の構築・管理の仕事に就きました。パソコンはMS-DOS環境，1MBのFD版のワープロや表計算ソフトがあり，1995年からWindows環境になって，卒業論文で調査・実験が必須の心理学科の学生たちがExcelや統計解析用のSPSSを利用していました。その頃は，「パソコンさえあれば，何でもできる」という根拠のない過信が先行し，調査を終えた段階で「集計方法がわからない，どうしたらよいか？」（そもそも仮説を立てて調査したなら分析法のめどが立っているはず？），いきなり「因子分析したい！」（いやいやその前に基本統計量を求めてみないの？），質的データなのに相関係数を求めた（ええーっ⁉）などに遭遇しました。「なぜ，どんな目的で何をすればよいか？どうやって解決したらよいか？」を素朴に律儀に熟考しようとする態度が乏しく感じられ，「みんな，もっと考えようよ！」と思いました。

　現在は情報機器やネット環境が進化し，利用の日常化，多様化が加速して利用する側のリテラシーも向上したと思います。質問紙もレポートもワープロで作成，データは表計算ソフトにサクッと入力，集計・分析はSPSSがすぐに結果を出してくれる，ネットでデータ収集も可能！　かつて私が学生時代に集計表にデータを書き込み夜通し友人と電卓で計算し合い，統計の分布表の細かい数字をミスのないよう確認する，そんな手作業はほぼ無くなり処理も圧倒的に迅速になりました。

　年のせいか学生時代をつい懐かしんでしまいますが，あの頃，なぜ，あの面倒な手作業ができたのだろうか？　理解が難しいのになぜ取り組めたのか？　考えてみると，はてな？に直面すればするほどそれを解き明かしてやろうというワクワク感が蘇ります。また，同級生たちと「今日の授業，全然わからなかったねー！」と自慢げに言い合ったこと，ワクワク感を共有したことも鮮明に思い浮かびます。

　情報通信技術が発展し，何でも迅速に調べ処理できる時代になり，人はみな「わからない」「難しい」に不安や拒否感情を抱くようになってしまったのではないでしょうか？　学生たちに「難しくてわからない」「もっとわかることを教えてほしい」と言われることがあります。いやいや，今は作業が格段に効率化し，そんなことを言っていてはもったいない，余裕ができたところで，ぜひ「難しい」「わからない」はてな？にチャレンジしてください。たまには少数のデータで標準偏差，Ｔ検定や分散分析，相関係数などを手計算してみて，そのプロセスや結果にワクワクしてほしいです。ビッグデータの収集・解析が不可欠な現代，難しいと感じる統計学が便利で有用なことを実感できれば，みなさんの考える力，問題解決する力も向上するはずです！

第4章

それって努力に見合った効果があるの？

第3章では，「〇〇（指導法）の効果」を確かめるために分散分析を使いました。その「〇〇の効果」が，「××（費やす時間や回数）」によってどう変化するのかを知りたい時はどうすればいいでしょうか。

[回帰分析]

1．回帰分析

1.1 回帰分析とは？

第3章の**分散分析**[1] では，異なる指導法で学んだ人たちの間にある成績の違いに着目し，指導法の効果の有無を検討しました。一方，ある指導法で学習した時間の長さと成績（点数）との間に関係があるのかどうかを見たければ，第2章で勉強した**相関係数**[2] が使えそうです。正の相関関係が見られれば，その指導法での学習時間が長い人ほど成績が良い（学習の効果がある）ということが言えるでしょう。

しかし，効果はあるけれど，その指導法での学習の結果，100点満点のせいぜい2〜3点程度しか得点がアップしないなら，ちょっと残念な気分になるかもしれません[3]。それも，2〜3点上げるのに，2時間の学習でいいのか，10時間の学習が必要なのかでもやる気は変わりますね。そこで「1時間あたりの学習で何点くらいの点数アップが見込めるのかという式[4] が知りたい」という要望にこたえるのが**回帰分析**です。回帰分析について最初に覚えるべきことは，以下のとおりです。

ある1つの量的変数の値を，別の1つまたは2つ以上の量的変数の値から予想したい時[5] に，回帰分析を使うことができます。この時，予想したい変数を**目的変数**（または**従属変数・基準変数**）と呼び，予想に使う変数を**説明変数**（または**独立変数・予測変数**）と呼びます[6]。また，説明変数が1つの時には**単回帰分析**[7]，2つ以上の時には**重回帰分析**[8] と呼んで区別することもあります。

1.2 単回帰分析とは？

単回帰分析は，中学校で学んだ1次関数の知識を使って説明すると，目的変数 y を説明変数 x の1次関数として表すために，傾き（**回帰係数**）と切片を求める[9] ことだと言えます。求めた式のことを**回帰式**（あるいは**回帰直線**）と呼びます。2つの変数 x と y について，「x から y への回帰直線を求めよ」と言われたら，「単回帰分析をして傾きと切片を求めよ」[10] という意味になります。もちろん，y から x の回帰直線を求めることもできますが，それぞれの傾きと切片は，必ずしも一致しません。

求めた回帰式の x に数値を入れると，y の推定値 $\hat{y}$ が求まります[11]。分析に用いた全てのデータについて，x に対する推定値 $\hat{y}$ を求めると，$(x, y, \hat{y})$ という三つ組のデータができます。

回帰直線の**切片**（b）と傾き（a）を決める方法の一つに**最小二乗法**という方法があります。これは，各データについて，実際に測定された y

1) 分散分析
第3章 P.50

2) 相関係数
第2章 P.33

3) ただし，標準偏差の大きさによって，2〜3点の意義は変わりうる。
4) 点数＝up率×勉強時間＋基礎点
※基礎点は授業以外には勉強しない時に見込める点数
5) 質的変数を回帰分析に使う工夫→巻末注1
6) 本文冒頭の例では，テストの点数が目的変数，勉強時間が説明変数である。
7) 例えば1つの指導法の学習時間を使ってテストの得点を予測する場合。
8) 例えば2つ以上の指導法（例：指導法Aと指導法B）の学習時間を使ってテストの得点を予測する場合。
9) $\hat{y} = ax + b$ の a（傾き）と b（切片）を求める。一次関数は直線のグラフになり，y 軸と交わる点が切片である。単回帰分析では，a を回帰係数と呼ぶ。
10) Excelで回帰分析を行うときは，［グラフ］→［散布図］→［近似曲線の追加］→［線形近似］→［グラフに数式を表示］で散布図に回帰式を記載できる。決定係数を記載するオプションもある。
11) 回帰直線が $y = 2.5x + 50$ なら，$x = 0$ で y は50，x が1増えるごとに，y は2.5ずつ増える。x が勉強時間，y がテストの点なら，勉強時間を1時間増やすごとにテストの点が2.5点上がると予想される。

と推定値$\hat{y}$との差（予測の誤差）を二乗し，それらの和が最小になるように回帰直線を求める方法です。理科の実験で，実験データの処理方法の一つとしても活用されます[12]。この時，元の測定値yと推定値$\hat{y}$の相関係数を求めると，回帰直線がどれだけ元のデータを近似できているか（つまり，目的変数をどのくらい予測できる精度があるのか）の指標になります。この値を**重相関係数（R）**と呼びます。一方，上に述べた最小二乗法をヒントにすると，近似の良さの指標として，誤差の程度を指標に使う方法も考えられます。そのような指標として**決定係数（R^2）**[13]があります。決定係数は，回帰式全体で目的変数の変動をどのくらい説明できているのかを表します。

1.3 重回帰分析とは？

　重回帰分析では，予測したい目的変数yを，複数の説明変数x_1, x_2, …と各説明変数に掛ける**偏回帰係数**a_1, a_2, …，切片bを用いた1次式[14]で表します。単回帰分析と同じように，式中の説明変数x_1, x_2, …に数値を入れれば，目的変数yの推定値$\hat{y}$が求まります。この時，偏回帰係数の値の大きさを比較することで，説明変数中のどの変数が目的変数の変化に影響を与えているのか[15]（説明力が大きいのか）知ることも可能です。

　2つの指導法の学習時間とテストの点数の例で考えてみましょう。方法A，Bの偏回帰係数が，それぞれ2，1だとすると，方法Bの学習時間が同じなら，方法Aの学習時間が1増えるごとにテストの点数は2点増え，逆に，方法Aの学習時間が同じなら，方法Bの学習時間が1増えるごとにテストの点数は1点上がると予測されます。つまり，方法Aの方がテストの点数への影響が大きいと思われます。

　しかし，もし，方法Aの学習時間の単位が「時間」，方法Bの単位が「分」だったなら，解釈は全く変わります[16]。実際の分析では，ある変数の単位は「時間」で別の変数の単位は「g」というように，単位を揃えようがない場合もあります。このような時には，説明変数と目的変数の標準偏差が全て同じ値になるように，**標準化**と呼ぶ変換を行い，**標準偏回帰係数（β）**を求めます。

　標準化を行う際，変換後の平均が0，標準偏差が1になるように変換した**z得点**[17]にすることが多いようです[18]。このz得点は，それぞれのデータが平均値から標準偏差のいくつ分だけ離れているかを示す値であると言えます。

　説明変数，目的変数に用いるデータをすべて標準化して重回帰分析を

12) 実験データの処理方法として最小二乗法が使われる例→巻末注2

13) 重相関係数を2乗すると決定係数と一致するという関係性がある。

14) 3つの説明変数の場合$\hat{y}=a_1x_1+a_2x_2+a_3x_3+b$で表す。

15) a_1の大きさで，yに及ぼすx_1の影響（重み）が変わるので，重み付きの一次式と呼ぶこともある。

16) この場合，単位を揃えると，Bの係数が60倍になる。

17) z得点＝
$$\frac{各データの値-平均値}{標準偏差}$$
ExcelのSTANDARDIZE関数や，Rコマンダーの変数の標準化を用いてz得点を求められる。

18) z得点以外の標準化の方法として，偏差値がある。偏差値は，標準化のために，平均を50点，標準偏差を10点に変換されている。

行い，**標準偏回帰係数**を求めたら，変数の影響の大きさを考察します。例えば，指導法 A と B の学習時間，テストの点数を標準化して重回帰分析を行った結果，指導法 A，B の標準偏回帰係数がそれぞれ 0.4，0.5 になったとします。どちらも標準偏差が 1 になるように散らばりの程度が調整されているので，この場合は係数の値が大きい指導法 B の方が，テストの点数に与える影響は大きいと解釈します[19]。標準化する前に指導法 A の方が点数 up に影響しているように見えたのは，指導法 B の方が標準偏差が小さかった（例えば，決められたビデオ画像を見ることが主で，学習時間に差がつかない）からかもしれません。

1.4 回帰分析の手順

⑴ 説明変数と目的変数の選定

回帰分析をする前に，予測したい変数は何か，その変数に影響しそうな変数は何かを考え，説明変数と目的変数を選択します。この時，説明変数，目的変数としては，量的変数を選んだ方が処理も解釈も容易になります。第 1 章で学んだ通り，分析前にデータクリーニング[20]を行いますが，分布の状況もふまえてデータの尺度の水準を確認し，回帰分析が使えるかどうかを判断しましょう。回帰分析を行う際には，データの個数が説明変数の数より十分に大きい，という条件を満たす必要があります。どれ位だと十分に大きいのかについて，はっきりとした基準はありませんが，説明変数の数の 4 倍以上や 10 倍以上が一つの目安であるとされています。さらに，重回帰分析の場合，説明変数間の相関係数の値が大きすぎると分析結果が不安定になってしまう**多重共線性**という現象の存在が知られています[21]。説明変数に使いたい変数の相関についても確認しておきましょう[22]。

⑵ 回帰分析を実行する[23]

統計ツールを使って回帰分析した結果の一例が表 1 です。Estimate の列が説明変数の（偏）回帰係数[24]と切片の値です。t-value と Pr(>|t|) の列は，Estimate 欄の係数等に関する有意性検定[25]の結果です。Multiple R-squared は決定係数（R^2）です[26]。切片と（偏）回帰係数を回帰式に代入すれば，説明変数の値から目的変数の予測値を算出できます。重回帰分析では，説明変数間の標準偏回帰係数を比較することで，どの説明変数がより目的変数を予測できるのかわかります。決定係数は，説明変数で目的変数の変動をどの程度予測できるかを表す指標で，0 〜 1 までの値をとり，1 に近いほど目的変数をよく予測できます[27]。決定係数の明確な基準値はありませんが，0.5 を下回る（説明変数で目的変

19) 標準化する前の方法 A の標準偏差が 4 時間，方法 B の標準偏差が 10 時間だった場合，方法 B で 10 時間勉強するより，方法 A で 10 時間勉強した方が点数は高くなる可能性がある。

20) データクリーニング第 1 章 P.17

21) 多重共線性によって分析結果が不安定になってしまう例→巻末注 3

22) 相関の強さを判断する基準第 2 章 P.35

23) Excel では分析ツールのアドインの設定が必要。

24) 偏回帰係数を「係数」と表示するツールもある。

25) 偏回帰係数が 0 であるという帰無仮説を t 値（t-value）で検定している。有意確率は「P- 値」と表示される場合もある。

26) 分散分析を用いた決定係数の有意性検定の結果も出力される。「重決定 R2」として出力される場合もある。説明変数の数の影響を取り除いた Adjusted R-squared（自由度調整済み決定係数）が出力されることもある。→自由度調整済み決定係数の説明は巻末注 4

27) 回帰分析の前提条件を満たさない場合は該当しない。詳細は巻末注 5

数の変動が説明される割合が 50% を割る）場合には，予測の精度が低いと判断されることが多いようです。

表1　統計ツールを使って回帰分析を行った結果の一例

	Estimate	t value	Pr(>|t|)
(Intercept)	6.52	4.53	0.001
指導法1	0.40	0.23	0.03
指導法2	0.20	0.12	0.02

Multiple R-squared: 0.4811,

Adjusted R-squared: 0.453

分析結果を報告する際には，切片と説明変数の(偏)回帰係数（重回帰分析の場合は加えて標準偏回帰係数[28]），説明変数の(偏)回帰係数の有意性検定の結果を記載することが一般的です。

1.5 回帰分析に関する知識の 5W1H のフレーム

回帰分析の知識を5W1Hのフレームを用いて表3に整理[29]しました。（重）回帰分析は1つ以上の説明変数を用いて，別の目的変数の値を予測する時に使うと便利な統計手法です。重回帰分析では，着目する説明変数（例：指導法 A の学習時間）以外の説明変数（指導法 B の学習時間）が同じ値だった時，着目する説明変数によって，どの程度目的変数（例：テストの得点）を予測・説明されるのかを知ることができます。また，標準偏回帰係数を算出することで，複数の説明変数のうち，どの変数がより目的変数を予測できるのかを比較することも可能です。

表2　「回帰分析」に関する知識の 5W1H のフレーム[30]

Name	回帰分析
What	予測・説明したい変数($\hat{y}$) を，1つ以上の変数（x_i）の重み付きの1次式で表す $\hat{y} = a + \underline{b x_i}$
Why	1つ以上の量的変数（説明変数）を用いて，ある量的変数（目的変数）を予測・説明する。複数の変数を説明変数にする場合，説明変数間の説明力を比較，他の説明変数を一定にした時の目的変数を予測できる。
Where	2つの量的変数が直線的関係[31]にある時に，ある変数がもう一方の変数をどの程度予測するのか知る。ただし，他の変数の値が同じだった場合，その説明変数が目的変数をどの程度予測するのか知りたい時には重回帰分析を用いる。
When	目標設定過程・代替案発想過程
Who	1つ以上の変数が及ぼす効果や影響を知りたい，1つ以上の変数を用いて予測を立てたい
How	説明変数間の関係の確認，重回帰分析の場合データの標準化

28) 自動的に標準偏回帰係数を出力するツールもあるが，そうでない場合は，目的変数や説明変数を標準化したデータを用いて回帰分析を行うと出力された偏回帰係数は，標準偏回帰係数となる。

29) 単回帰分析と重回帰分析を「回帰分析」として1つにまとめて整理した。

30) 第1章表2「知識の5W1H＋αの枠組み」

31) 直線的関係　第4章 P.75 側注7) 参照

２．回帰分析の活用を考える

ボール投げの指導法にも，いろいろな考え方があるね。フォームの指導は直接的な効果がありそうだけど，筋力を高める方が他の種目にも効果がありそうだよね。

タロウさん

いろいろな指導法を組み合わせてスポーツテストの総合点を高めるのが体育の授業としては一番良いのでは？

ハナコさん

2.1 問題解決の方向性を考える（目標設定過程[1]）

1）問題解決の縦糸・横糸モデルの目標設定過程　第1章 P.21

問題解決に失敗するのは，解決過程にあるさまざまな落とし穴にはまるからです。①自分の知識の範囲だけで解決しようとする，②最初から結論ありきで取り組む，③楽観視して不測の事態を考慮しない，などなどです。考慮すべきことを考慮しないで話を進めれば，どこかで破綻し，結局始めからやり直しになり，時間切れでご破算になりかねません。

そういう事態を避けるために問題解決の手法があり，そういう成果を統合したものが，問題解決の縦糸・横糸モデルです[2]。ここでは，第1章も参照しながら，目標設定過程の作業をしましょう。

2）①②を避けるために目標設定過程で，情報収集を行った上で問題を分析し，③を避けるために合理的判断過程で発想した方法の欠点や，その改善方法について考える。

まず作業に入る前に，この過程のアウトプットを確認します。作業には問題分析と計画立案がありますが，どちらも「良さ」と「条件」を明確にし，「仮説や分析の方針」「作業計画」を立てる必要がありました。

①を避け，良いアウトプットを出すには，質的にも量的にも良いインプットが必要です。まずは，「問題解決に役立つ情報は何か」を考え，情報収集します。上の問題では，スポーツテストの総合点を高める体育の指導法を考えたいわけですが，それを考えるのに役立つデータを探す必要があります[3]。既にデータがある場合でも，それが，あるデータの一部を切り出したものかもしれません。スポーツテストのデータなら，過去のデータや他の学校のデータもあるかもしれませんし，文部科学省が全国規模のデータから傾向を分析しているかもしれません。指導法の効果は，研究者の人が論文として発表もしているでしょう。自分が指導している子ども達なら，今あるデータに関連づけるべき課外活動や生活習慣などのデータも，追加で収集するといいかもしれません。データクリーニングに必要な情報も，忘れずに収集しましょう。

3）収集済みのデータを使って分析する場合には，分析に使えそうな他のデータを探す必要もある。

もちろん，無用な情報を集めるのに時間をかけるのは無意味です。各過程の最初にアウトプットを意識するのも，無駄な情報を集めないための1つの方策です。②「最初から結論ありきで取り組む」ことが問題な

のは，後のことを先に決めつけていては大事なことを見落とすからです。後々の可能性を幅広く考えることで，今やるべきことを幅広く考える柔軟性が必要です。

　例えば，仮説を立てたり，言い換えたりしながら，「そのためにはこういうデータが無いか」と発想することは，役に立ちそうな情報を幅広く探すきっかけになるでしょう。少なくとも，使う見込みの無い情報を無駄に探すことは避けられます。

　今回は，タロウさんが，放課後，希望者にだけ試した新たな指導法の効果を調べたいようです。他のクラスと比較することも考えられますが，放課後なので指導した時間数に差が生じますし，まずは，自分のクラスだけで分析することにします。一方，スポーツテストの総合点は，身長やこれまでも開講されていた従来の指導法の受講時間からも影響を受けそうですし，指導法の効果には男女差もあるかもしれません。そういう点も考えて集めたデータが表3[4] です。

表3　指導法受講とスポーツテストの点数に関するデータ入力表[5]

個人識別番号	性別 男子：1 女子：2	今年のスポーツテストの総合点	新指導法の受講回数（回）	身長	従来の指導法の受講時間（週平均・分）
1	1	76	5	188.5	220
⋮	⋮	⋮	⋮	⋮	⋮
40	2	56	1	162.0	25

　データを集めたら，まず**データクリーニング**[6] を行い，**異常値**や**誤記**を修正します。また，各変数の**尺度水準**について確認したり，分布の状況も見て，ここは分析の時に気をつけた方がいいとか，ここを分析するとおもしろそうだといった見通しを立てたりします。今回のように2つの変数の間の関係（受講回数とスポーツテストの総合点）を知りたい場合には，両者の**散布図**も描画し，両変数が直線的関係[7] にあるのか（それとも曲線的関係[8] であるのか）も確認します。今回は図1に示したとおりです[9]。

4) データはウェブサイトからダウンロードしてください。

5) 各変数の尺度水準を確認しよう→答えは巻末注6

6) データクリーニング第1章 P.17。異常値は無いことを確認済みとする。

7) 直線的関係の例

2変数の一方が増えると他方も増える（右上がり），または減る（右下がり）時，単調増加または減少と言い，そのデータが直線上に並んでいるなら直線的関係と言う。

8) 曲線的関係の例

① 　②

③ 　④

2変数の関係を散布図に描いた時に，U字（図①）や，逆U字（図②）になることがある。これは2変数が曲線的関係にある場合の一例であり，相関分析や回帰分析には向かない。図③④のように単調増加（減少）だが曲線的関係の場合は，直線に変換できる場合もある。

9) 今回は直線的関係とみなす。

第4章　それって努力に見合った効果があるの？　75

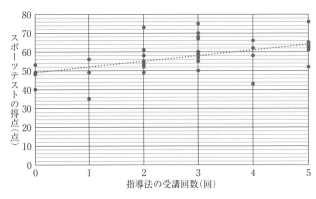

図1　新しい指導法の受講回数とスポーツテストの総合点の散布図

　データクリーニングも終わり，特徴も少し分かってきたところで，分析の方針を立てましょう。そのためにも，知りたいことを言い換えること[10]が必要でした。タロウさんは「効果がある」という言い方をしていましたが，ハナコさんは「体育の授業として良い」という言い方をしています。「効果がある」は「良い」を特殊化したもので，他にもさまざまな良さがありそうです。ただし，「授業として」という条件がついていることは忘れてはいけません。

　二人の発想を広げる方向性として，「効果があるとは？」と「良さとは何か？」という2つ問いが考えられます。前者については「指導法を受けた人と受けなかった人で差がつく」や「指導を受ける回数が多いほど結果が良くなる」などがあります。また，「性別に関係無く効果があるのか？」という疑問にも答える必要があるかもしれません。「性別に関係無く」は，「体育の指導法としての良さ」にも関係します。そう考えると，「授業として指導できる回数の範囲で効果があるか」や「怪我の恐れは無いか」なども気になるかもしれません。

　このほか，統計分析の良さとして信頼性が高いとか，作業の良さとして効率がいいなどもありますが，分析の良さとしては，「間違い無く指導法の効果と言える」もあります。これは，「本当は別の要因の方が効いているのではないか」という疑問の存在を考慮したか，という意味があります。例えば，表1では，「受講回数が多い子どもは普段の運動量も多く，それが点数に効いているのではないか」などです。たまたま身長が高い子どもが受講回数も多かったという可能性も否定できません。これらの疑問も解消できる分析を目指しましょう。

10）表現の変換　第1章
P.25
一般的な良さを，指導法の受講によって高まることが期待される具体的な良さに言い換える。仮説を考えるときには，一般的な良さを，具体的な良さに言い換える力をつけることが大切である。第1章 P.24 の「図8 データ分析の良さ」のように良さを円の外に向かってより具体的に言い替えて考えてみよう。

2.2 統計手法を発想しよう（代替案発想過程[11]）

　タロウさんは「新しい指導法」の効果を「スポーツテストの総合得点」を使って判断できるのではないかと考えました。そして新しい指導法に効果があるならば「新しい指導法の受講回数が多い人ほど，スポーツテストの総合得点が高いだろう」という仮説を考えました。この仮説をさらに表現の変換をして，統計分析ができる仮説に言い換えてみましょう。

　例えば，「受講回数が多い群は，少ない群よりも点数の平均値が高い」と言い換えると，新しい指導法を多く受講した人たち（例：3回以上）と受講が少ない人たち（例：3回未満）という2つのグループのスポーツテストの総合点の平均値の差の検定をすればよさそうです。第1章で習った t 検定[12] が使えるかもしれません。グループをさらに（例えば，まったく受講していない人，1～2回受講した人，3回以上受講した人等に）分けて分散分析[13] を行い，各グループの点数の平均値について，検定をするのもよいかもしれません。また，「新しい受講法を受講した回数が多い人ほどスポーツテストの総合得点が高い」と変換して，第2章で学んだ相関係数を計算して，新しい指導法の受講回数とスポーツテストの点数の関係を見てみるのもいいかもしれません。

　他にも何か方法はないでしょうか。例えば，受講回数と得点でいくつかのグループ（例えば，成績上位者・中位者・下位者）に分け，クロス集計表を作って χ^2 検定[14] する方法はどうでしょう。これまで学んだ統計分析の手法を使って分析できないかいろいろ考えてみましょう。

2.3 良さそうな方法を批判してみる（合理的判断過程）[15]

　2.2節ではいろいろな分析手法について考えてみました。t 検定では，受講回数によって分析対象者を2群に分ける必要があります。たくさん受講した人たち（例：3回以上）と受講が少ない人たち（例：3回未満）を比べると，受講が少ない人たちの中に，まったく受講していない人も含まれています。「まったく受講していない人たち」と「受講はしたけど回数が少ない人」を同じグループにするのは問題がありそうなので，分けて分析した方が良いような気がしてきます。クロス集計は，2つの変数ともに，量的変数[16] から質的変数[17] に変換すると情報が少なくなってしまうし，作業の手間もかかります。ここでは，分散分析と相関係数と単回帰分析の3つについて問題点がないか，よりよく改善することはできないか検討してみることにしましょう。

11) 問題解決の縦糸・横糸モデルの代替案発想過程　第1章　P.21

12) t 検定　第1章 P.15
今回は，新しい指導法の受講回数によって調査回答者をグループ分けしており，対応のないデータになるので「対応のない t 検定」を実施する。

13) 分散分析　第3章 P.50
今回は新しい指導法の受講回数によって調査回答者をグループ分けしており，対応のない1元配置の分散分析を実施する。

14) クロス集計・χ^2 検定　第2章 P.32

15) 問題解決の縦糸・横糸モデルの合理的判断過程　第1章　P.37

16) 量的変数　第2章 P.33

17) 質的変数　第2章 P.33

(1) 分散分析を使って分析できるか？

第3章で学んだ**分散分析**を使って分析すると，今回タロウさんが知りたい「受講回数が多い群は，少ない群（や未受講群）よりも点数の平均値が高い」という仮説を検討することができるでしょうか。

第3章で学んだ通り，分散分析では，独立変数が質的変数でなければいけません。今回のデータは，新しい指導法を受講した回数が比例尺度なので，分散分析を使うために，量的変数を質的変数に変換（例：0回→未受講群，1〜2回→低受講群，3回以上→高受講群）する作業[18]が必要です。分散分析を行い，受講頻度によって得点に差があるのかを調べ，主効果が認められれば，さらに群間の差を検討[19]することで，タロウさんが知りたい「新しい指導法の受講回数が多い人ほど，スポーツテストの総合得点が高いだろう」という仮説を検討できそうです。しかし，量的変数を質的変数に変換したために，比例尺度に含まれていた情報が失われてしまうというデメリットがあります。

例えば，新しい指導法を3回以上受講した人をすべて高受講群とすると，3回受講した人も，10回受講した人も同じグループとして分析されます。そのため，3回受講した人よりも10回受講した人（つまり，新しい指導法の受講回数が多い人）の方が指導法の効果がある（スポーツテストの得点が高くなる）のかについては分散分析ではわかりません。

(2) 相関係数[20]を出せばよい？

「新しい指導法の受講回数が多い人ほど，スポーツテストの総合得点が高いだろう」という仮説において，受講回数もスポーツテストの得点もどちらも**量的変数**です。このように2つの量的変数の関係を調べる時，第2章で**相関係数**を使う方法を学びました。相関係数から，受講回数の多さと得点の高さの関係性がどの程度あるのか（関係が強いか弱いか）を知ることができそうです。

しかし，受講によってどのくらい点数があがったならば「効果がある」と言ってよいでしょうか。検定で相関係数の値が0でないという結果が出ても，それは強い相関関係にあるという意味ではありません。また，効果としては，1回受講すると何点くらい得点がアップするのかということも知りたい情報です。相関係数ではこのような情報は分かりません。

2.4 分析方法を改善しよう（代替案発想過程2）

それでは，「新しい指導法の受講回数が多い人ほど，スポーツテストの総合得点が高いのか」だけでなく「新しい指導法を1回受講すると何点くらい得点がアップするのか」を知るにはどのような分析を選べばよ

18) 量的変数を質的変数に変換する際の注意点については第2章 P.38 も参照すること。

19) 差があるということと，直線的な関係にあるということは，必ずしも同じではない。

20) 相関係数　第2章 P.34

いでしょうか。**単回帰分析**では，2つの変数のうち，1つの変数（今回の場合は受講回数）からもう一方の変数（今回の場合は得点）の値を予測することができます[21]。

そこで，今回のデータを用いて**説明変数**に受講回数，**目的変数**に得点を入れた単回帰分析[22]を行ったところ，表4の結果[23]が得られ，**回帰係数は3.00になりました**。**回帰係数（*a*）**は，説明変数（今回の場合は受講回数）を1単位分増やすor減らすときの，目的変数の平均的な変化量を表しています。今回の分析結果からは，新しい指導法の受講回数を1回増やすごとに，得点は平均的に約3点高くなると解釈できます。

表4　説明変数を受講回数，目的変数を得点にして単回帰分析を行った結果

	回帰係数	*t* 値	決定係数
(Intercept)	49.04	19.93***	0.12
新しい指導法	3.00	3.91***	

*** $p<.001$

2.5　単回帰分析で仮説が検証できたか（合理的判断過程）

タロウさんは，新しい指導法に効果があるのか調べるために，「新しい指導法の受講回数が多い人ほど，スポーツテストの総合得点が高いのか」，「新しい指導法を1回受講すると何点くらい得点がアップするのか」という疑問を検討するために単回帰分析を行いました。分析で得られた結果を使って，タロウさんは疑問を検証することができるでしょうか。**合理的判断のための枠組み**[24]を用いて，確認してみましょう。

⑴　適用条件を満たしているか？

今回のデータは，単回帰分析を行うための適用条件を満たしていたのでしょうか。今回のデータは，説明変数（例：受講回数）も目的変数（例：得点）も量的変数でした。受講回数と得点の散布図[25]を描いたところ，両者は受講回数が増加すると得点が増加するという直線的関係にあるように見えます。データの度数も40件ありますから，あまりにも少ないということはないでしょう。そのため，今回のデータは適用条件を満たしていると判断できます。

⑵　分析目的を達成できるか（知りたいことがわかったか）

次に，今回行った分析は，仮説を検討する（疑問を解決する）のにふさわしい統計分析だったかどうか確認します。タロウさんは「新しい指導法の受講回数が多い人ほど，スポーツテストの総合得点が高いのか」，「新しい指導法を1回受講すると何点くらい得点がアップするのか」という仮説を立てました。分析の結果得られた回帰係数から，指導法の受

21) P.73 表2の「回帰分析」に関する知識の5W1Hのフレームの「Why」を思い出している。このように，分析を選択する時には，この様々な分析のフレームのWhy部分を思い出して比較してみるとよい。

22) ダウンロードしたデータを用いて，実際に自分で分析をしてみよう。果たして同じ数値が得られるだろうか。Excelでは，アドインの［データ分析］→［回帰分析］で，回帰分析を行うことができる。

23) 表4の結果を回帰式で表すと，$\hat{y}=49.04+3.00x$になる。
回帰式を使って予測値を算出する→巻末注7

24) 合理的判断のための枠組み（代替案の批判的検討の観点）についての詳細は，第2章のP.21を確認すること。

25) P.76 図1参照

講1回あたり得点が平均3点高くなると解釈できます。単回帰分析を行ったことにより，分析目的を達成できたと判断できるでしょう。

(3) 当該手法の問題点を考慮したか

　それでは新しい指導法には1回の受講あたり得点を約3点上昇させる効果があったと結論付けてよいのでしょうか。目標設定過程で考えたように「間違い無く指導法の効果」だと言うためには，指導法以外の他の要因が得点に影響した可能性を考える必要があります。例えば，新しい指導法を受講している人は別の指導法も受講していて，実は別の指導法の受講と得点との間に関連があるだけで，新しい指導法の受講回数と得点の間の関係は見せかけの関係が見られただけという可能性もあります。今回の単回帰分析では，新しい指導法以外の要因（例えば，別の指導法の受講）による影響については全く考慮していません。したがって，ここで，合理的判断を中止し，代替案発想過程に戻り，もう一度，分析を考え直す必要があります。

3．重回帰分析が必要なとき

データをよく見てみると新しい指導法を受講した人は，これまで開講されていたジョギングの従来の指導法を受けて，毎週，ジョギングを長時間している人も多いみたいだな。

新しい指導法の効果じゃなくて従来の指導法を受講しているからスポーツテストの得点も良かったのかしら。それに，身長が高い人はテストの点数も良さそうね。

3.1 再度，代替案発想過程に戻って分析をやり直す

(1) 分析手法の再選択

「間違い無く指導法に効果がある」と言うために，新しい指導法以外の他の要因[1] が得点に影響した可能性を考慮に入れた分析[2] を行う必要があります。指導法以外の他の要因（例えば，従来の指導法の受講時間や身長等）が同じだったと仮定して，新しい指導法の効果がどのくらいあるのかを調べるにはどの分析を使えばよいのでしょうか。変数 x 以外の説明変数が同じ値だった場合，変数 x が変数 $\hat{y}$ の増加にどれくらい寄与するかを予測したい時に使えるのが重回帰分析です。

(2) 重回帰分析の実行

説明変数に新しい指導法の受講回数（x_1）と従来の指導法の受講時間（x_2），目的変数に得点（$\hat{y}$）を入れた重回帰分析[3] を行ったところ，新指導法の受講回数の偏回帰係数は 0.77 でした[4]。つまり，従来の指導法の受講時間が全く同じだった場合，新しい指導法の受講回数が 1 回増えると，得点は平均的に 0.77 点あがると解釈できます。単回帰分析で得られた新しい指導法の受講回数の回帰係数（3.00）と比較すると，受講回数が得点に及ぼす効果はかなり小さくなってしまったように見えます。それでは新しい指導法の受講回数を増やすよりも従来の指導法の受講を増やす方が得点をあげるには効果があるのでしょうか。しかし従来の指導法の受講時間の偏回帰係数を見てみると，これもまた 0.10 とずいぶん小さく，新しい指導法の受講回数と同様ほとんど効果がないように見えます。スポーツテストの得点への影響は，新しい指導法の受講回数も，従来の指導法の受講時間も同じくらい小さいと考えてよいのでしょうか。P.71 で学習したように，**偏回帰係数**の値は測定された変数次第で大きくなったり小さくなったりします。そのため，偏回帰係数を使って異なる単位で測定された変数や異なる標準偏差を持つ変数の影響の大きさを比較することはできません。目的変数に対する影響の大きさ

1) 情報収集の時に，得点に影響を及ぼしうる指導法以外の要因について検討する必要がある。

2) 回帰分析以外の方法として偏相関係数を求めるやり方がある。偏相関係数を求めることである変数（例：従来の指導法）の影響を取り除いた時の，2 つの変数の関係性の強さ（新しい指導法と得点）を検討できる（偏相関係数　第 2 章 P.35 参照）

3) 新たに分析に投入する「従来の指導法の受講時間」についてもデータクリーニングやデータの分布を確認する。

4) 回帰式
$\hat{y} = 48.48 + 0.77x_1 + 0.10x_2$

を説明変数間で比べたい場合には，データを**標準化**し，**標準偏回帰係数**を求める必要があります。そこで，新しい指導法の受講回数と従来の指導法の受講時間のデータを標準化して，再度，重回帰分析を実行してみました。結果を表5に示します。

表5　新しい指導法と従来の指導法を説明変数，得点を目的変数とした重回帰分析の結果

	偏回帰係数	標準偏回帰係数	t値	決定係数
切片	48.48		29.51***	
新しい指導法	0.77	0.14	1.27	0.69
従来の指導法	0.10	0.75	6.96***	

***$p<.001$

　表5から，新しい指導法の標準偏回帰係数（0.14）よりも従来の指導法の標準偏回帰係数（0.75）の絶対値が大きく，また有意性の検定の結果，従来の指導法では偏回帰係数の検定の結果が有意だったものの，新しい指導法の偏回帰係数の検定の結果は有意ではありませんでした[5]。つまり，新しい指導法の受講回数よりも従来の指導法の受講時間を増やす方が得点には効果があると解釈できそうです。また，決定係数は0.69であり，目的変数の変動（ここでは得点の個人差）のおよそ69％をこれら2つの説明変数で説明できると言えます[6]。

3.2　重回帰分析で仮説が検証できたか（合理的判断過程）

　タロウさんは，「間違いなく指導法に効果がある」というために，新しい指導法の受講回数と従来の指導法の受講時間を説明変数に，得点を目的変数に投入した重回帰分析を行いました。この分析がふさわしかったかどうか，**合理的判断のための枠組み**を用いて，確認してみましょう。

⑴　適用条件を満たしているか

　今回のデータは，重回帰分析を行うための適用条件を満たしているでしょうか。説明変数（新しい指導法の受講回数，従来の指導法の受講時間）と目的変数（得点）は全て量的変数でした。また，既に単回帰分析を行う際に，新しい指導法の受講回数と得点の間に直線的関係があることを確認しました。同様に，従来の指導法の受講時間と得点の関係を散布図（図2参照）に表してみたところ，両者は従来の指導法の受講時間が増加すると得点も増加するという直線的関係にあるように見えます。説明変数2つに対して，度数が40件というのも，データ数が少ないとは言えないでしょう。このことから，今回のデータは適用条件を満たし

5) 偏回帰係数の有意性検定では「偏回帰係数が0である」という帰無仮説を検定している。詳細は巻末注8。

6) 今回の分析では自由度調整済み決定係数は0.67であった。

ていると判断できます。

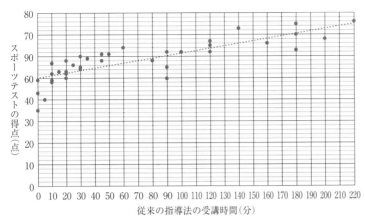

図2　スポーツテストの総合得点と従来の指導法の受講時間の散布図

⑵　分析目的を達成できるか（知りたいことがわかったか）

　次に，今回行った分析は，仮説を検討するのにふさわしい統計分析だったかどうか確認します。タロウさんは「従来の指導法の受講時間が同じだったと仮定して，新しい指導法の効果がどのくらいあるのか」が知りたいと思っていました。そこで，新しい指導法の受講回数と，従来の指導法の受講時間を説明変数に投入し，スポーツテストの得点を目的変数とする重回帰分析を行いました。新しい指導法の受講回数の偏回帰係数は 0.77 であり，従来の指導法の受講時間が同じ場合，受講回数が1回増えると，得点は平均的に 0.77 点増加すると解釈できます。重回帰分析を行ったことで，タロウさんは分析目的を達成できたと判断できます。

⑶　当該手法の問題点を考慮したか

　タロウさんは，新しい指導法の受講以外の要因が得点に影響する可能性に気が付き，単回帰分析ではない新たな代替案を発想しました。従来の指導法の受講以外にも，スポーツテストの得点に影響を与えうる変数は他にもあるかもしれません。どんなものが考えられるでしょうか。さらに，検討し直して，分析してみましょう[7]。

⑷　分析結果全体の整合性はあるか

　もし，代替案発想過程で複数の分析を行った場合には，複数の分析で得られた結果の間に不整合がないか確認する必要があります。「従来の指導法の受講時間が同じだった場合，新しい指導法の受講によってスポーツテストの得点がどの程度高くなるのか」について知りたい時に，重回帰分析以外の分析は使えないのでしょうか[8]。使えそうな他の分析を考えて（代替案を発想し），実際に分析をして，結果に一貫性が得られるのか，確認してみましょう。

7）例えば，身長が高い人はスポーツテストの得点が高い可能性がある。身長を説明変数に加えた重回帰分析をするとどうなるだろうか。

8）一例として，偏相関係数（第2章 P.35）を求める方法がある。従来の指導法を制御変数とし，新しい指導法と点数の間の偏相関係数を求める。

また，スポーツテストの得点を伸ばす指導法の効果を検討した事例や文献がないか調べ，そこで得られた結果と同じような結果が得られているかについても検討する必要があります。

(5) 適用分野固有の問題はないか

重回帰分析を行った結果，新しい指導法の受講回数の偏回帰係数は0.77 であり，従来の指導法の受講時間が 0 の場合，受講回数が 1 回増えると，得点は平均的に 0.77 点増加すると解釈できました。0.77 点の増加はどのような意味を持つのでしょうか。わざわざ新しい指導法を受講してもアップする得点が 1 点にも届かないとしても，新しい指導法に効果があると言っていいのでしょうか？例えば，当日の身体の調子でスポーツテストの得点が 1 点ぐらい増えたり減ったりすることはよくあることですよね。偏回帰係数の大きさの解釈は適用分野によって異なります。様々な指導法の効果を検討する先行研究を見比べて，どの程度の偏回帰係数で効果があると解釈しているのか調べてみましょう。

3.3 分析結果から結論・解釈を導き出そう(最適解導出過程 [9])

9) 問題解決の縦糸・横糸モデルの最適解導出過程 第1章 P.21

(1) 結果を報告する

重回帰分析の結果を報告する時には，標準偏回帰係数とその有意性検定の結果，また決定係数を記載します。特に説明変数の数が多い場合には，表にまとめるとわかりやすくなります（表6参照）。例えば，今回の結果を報告する際は，こんな風に書くと良いでしょう。

> 従来の指導法と新しい指導法がスポーツテストの総合得点に及ぼす効果を検討するため新しい指導法の受講回数，従来の指導法の受講時間を説明変数に，スポーツテストの得点を目的変数に投入する重回帰分析を行った。結果を表6に示す。従来の指導法の受講時間の標準偏回帰係数（β =0.75, p<.001）は有意であるものの，新しい指導法の受講回数の標準偏回帰係数（β =0.14）は有意ではなかった。したがって，従来の指導法の受講の影響を取り除いた時，新しい指導法の受講回数はスポーツテストの得点を有意に予測する効果を持たないことが示された。なお，決定係数は 0.69 であった。

表6 重回帰分析の結果 [10]

10) 標準偏回帰係数を β で，偏回帰係数を B で表す。

説明変数	偏回帰係数（B）	標準偏回帰係数（β）
受講回数	0.77	0.14
運動時間	0.10	0.75 ***
R^2	0.69	

目的変数：スポーツテスト　***p<.001

(2) 結果に基づき考察をする

分析結果が整理できたら，得られた結果に基づいて考察を行います。

84

考察をする際には，結果から拡大解釈をし過ぎないよう注意しなければなりません。さて，今回行った重回帰分析によって，新しい指導法受講による効果について言えることは何でしょうか[11]。

　新しい指導法の受講回数の偏回帰係数は 0.77 であり，従来の指導法の受講時間が同じ場合，1 回受講するとスポーツテストの得点が 0.77 点増加することを示しています。果たして，この結果から，新しい指導法の受講がスポーツテストの成績をあげる効果があると言えるのでしょうか。テストの受験状況（例：走るとき追い風だった）や本人の体調などによって，1 点くらい，簡単に増えたり減ったりしそうです。新しい指導法による効果はほとんどないと言ってもいいかもしれません。他の指導法の効果を検討した研究結果と比較し，どのような結論を導き出すのか考える必要があります。

　一方で，そもそも今回のデータには，指導法を受ける前の情報が全く含まれていません。例えば，もともとスポーツが得意な人がさらにスポーツテストの得点をあげようと思って新しい指導法を積極的に受講し，スポーツが苦手な人は新しい指導法の受講を億劫がっていたかもしれません。つまり，新しい指導法の受講回数による得点の差は，受講によってもたらされたものではなく，もともとの運動能力やスポーツテストに対する意欲によってもたらされた可能性が考えられます。したがって，今回の分析では新しい指導法の受講によって，受講後の得点がどのくらい予測できるかがわかっただけであり，指導法の受講により得点が「伸びる」のかどうかについてはわかりません。

3.4 次の分析に向けて

　上述したように，今回のデータには，新しい指導法を受講する前の情報が全く含まれていないため，新しい指導法を受講した人たちは，そうでない人たちよりももともと運動能力が高かったという可能性が残ったままです。指導法を受講する前のスポーツテストの得点のデータがあれば，受講前の得点も説明変数に含めて重回帰分析を行うことで，受講前の得点が同じだった場合，新しい指導法の受講がスポーツテストの得点をどの程度予測するのかについて検討することができます[12]。次回，分析する際には，受講前の情報が含まれたデータを探し出し，分析を行い，今回の分析結果と比較してみるとよいでしょう。

　また，新しい指導法の受講によってスポーツテストの得点が伸びるのかどうか，因果関係を特定したい場合には，新しい指導法を受講していない様々な属性（体形，性別，年齢，運動習慣，運動能力など）を持つ

11) 重回帰分析を行えば必ず因果関係が分かるとは限らない。→詳細は巻末注 9 参照

12) 指導法受講前の得点を考慮に入れた分析例→巻末注 10

人々を集め，新しい指導法を受講する群と受講しない群にランダムに振り分けて得点の変化を見る必要があります。それ以外の方法として，同じ人に調査を複数回実施して得られる縦断データを用いた分析を使っても因果関係を推定することができます。

4．まとめ─典型的な分析事例

　本章では量的変数を用いて，別の量的変数を予測する回帰分析について学んできました。特に，複数の変数の関係をとらえられる重回帰分析を使った分析は，各省庁が発行する白書等[1]の中でも良く使われている分析の一つです。

　新しい指導法の効果を検討した今回のケースのように「間違い無く○○が△△に効果があるか」を示すために，重回帰分析は他の要因の影響を一定にした時，当該説明変数が目的変数をどの程度予測するのかを示すことができます。それだけではなく，P.74のハナコさんの発言[2]のように「複数の要因を組み合わせて，どれが最もよく目的変数を予測するのか」についても，重回帰分析を使って検討できます[3]。組み合わせを考える時に，複数の変数を説明変数に投入し，目的変数をよく予測するものを探し出すという方法が考えられます。一方で，これまで学んだように，相関が強い変数を説明変数に投入すると結果が不安定[4]になることがわかっています。相関が強い2つの変数（例：2つの指導法の受講回数）を説明変数として使いたい場合の工夫の一つが，合成変数の作成です。例えば，今回の場合，新しい指導法の受講回数と従来の指導法の受講時間の相関係数は0.53と中程度の相関関係が見られました。そこで，2つの指導法の受講を表す合成変数を作成することを考えてみましょう。しかし，新しい指導法は回数で，従来の指導法の受講時間ですので，単純に合計したり，平均値を求めたりすると何を示す指標なのか分かりづらくなってしまいます。例えば，新しい指導法の受講についても，開講時間を調べ受講時間に変換[5]して，従来の指導法の受講時間と合計するという方法などが考えられます。

　P.74でタロウさんとハナコさんが抱いた疑問は異なりますが，複数の要因の関係を，目的変数を予測する程度で比較し，整理するという点では共通しており，このような場合に，回帰分析は有効な統計手法となります。

1）自殺死亡率，出生率，医療費，農産物の生産量等を予測する要因を探るために重回帰分析が行われている例が見られる。自分の関心のある社会問題について，重回帰分析が行われている例を探してみよう。

2）「いろいろな指導法を組み合わせてスポーツテストの総合点を高めるのが体育の授業として一番良いのではないか」

3）例えば，様々な社会問題（例：少子化）を予測する要因を探りたい時，候補となる要因を複数挙げ（例：保育所の利用率，男性の労働時間等），それらを説明変数に投入した重回帰分析を行う。

4）多重共線性の問題　P.72参照

5）新しい指導法の開講時間が20分であれば，それぞれの受講回数と掛け合わせることで，受講時間を算出できる。

第5章

項目の多さ，何とかならないかなぁ？

第4章までに，2つの変数の関係性や影響についての分析方法を学びました。たくさんの項目があるアンケート分析の結果をまとめる時に，項目が多すぎて，これまでの分析方法では考察がうまくまとめられません。項目をまとめた結果を知りたい時は，どうすればよいでしょうか。

[主成分分析・因子分析]

1．主成分分析と因子分析

1.1 主成分分析と因子分析との違いとは？

アンケート結果を分析して報告する時に，項目ごとの結果を書きならべても，結局何が言えるのかわかりません。考察するなら，それらを総括して何が言えるのかをまとめる必要があります。例えば，平均値の高い項目をまとめて考察するという方法もありますし，項目間の相関に着目するという方法もあります[1]。

相関係数に着目して項目をまとめようとすると，項目1と2は強い相関があり，2と3にも相関があり，…という具合になって，結局，全部の項目が関係するということになりかねません[2]。このような時に活用できる手法として，**主成分分析**と**因子分析**を学びましょう。

主成分分析と因子分析の違いは，しばしば図1のように表されます。ここでは，顔の特徴として，眉，目，鼻，口などの位置や大きさ，傾き，顔全体の幅や長さなどのデータがあるとしましょう。主成分分析では，それらの変数を組み合わせて，より少ない顔の特徴変数（主成分）を作ります。例えば，「面長度」「額広・顎長度」「醤油顔度」などが新たに見つかるかもしれません。新たに見つかる主成分は，各変数に重みを乗じた一次式の形で求まります[3]。図中の矢印で線が太いほど重み（係数の値）が大きいことを表します。

一方，因子分析は，変数間に相関関係が生じる背景には，複数の変数に影響を与える**共通因子**が潜在的に存在し，変数によって異なる値をとるのはその背景に独自因子もあるからだと仮定します。そして，各因子が各変数に及ぼす影響の強さを重みとして計算することを目的とします[4]。顔の特徴の場合，骨格，表情筋の張り具合や脂肪の付き具合などが共通因子になるかもしれません。

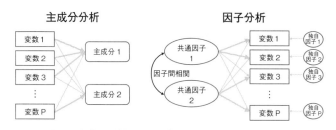

図1　主成分分析と因子分析における変数との関係性

それぞれの分析について，知識の5W1Hフレームを利用して整理し，分析の違いについてポイントをおさえましょう[5]。

1) 平均値の高い項目同士は，「高い」という共通性があるが，項目の内容が似ているとは言えない。一方，相関係数が大きい項目同士は，内容的に似ている可能性がある。

2) 例えば項目10個の時の項目間の相関係数は，45組になる。

3) 各変数の重みの求め方についての詳細は巻末注1

4) 因子分析には，探索的因子分析と確認的（検証的）因子分析という手法がある。本章では探索的因子分析について説明する。

5) 知識の5W1Hフレーム（第1章　P.26）各章の知識の5W1Hフレームと関連づけて見てみよう。どのような時に，どのような目的で利用できる分析手法なのかを整理しよう。

表1 主成分分析と因子分析の知識の5W1Hフレーム 6) 7) 8)

Name	主成分分析	因子分析
What	事象の測定に使った変数群の一次式で表される新たな変数群を構成し，当該事象の特徴をより少ない変数（主成分）で表すための手法。新変数は，データの分散が最大になり，かつ，それまでの新変数群と無相関になるように順次構成する。	変数に影響を与えている潜在的な共通因子があると仮定し，共通因子が項目に与える影響を重みとして抽出することを目的とし，相関行列を元に抽出した共通因子から，変数がどのような影響を受けているのかを説明する。
Why	複数の変数の特徴をまとめるため，複数の変数がある場合，2変数ごとの相関分析では説明が複雑になり，誤った解釈をする可能性があるため。	
Where	多くの項目から全体を少ない合成変数で説明する。例）商品の印象についての複数の質問項目を主成分分析して，商品の特徴をまとめる。	潜在的な共通因子を想定して分析する。例）性格には共通因子があると仮説を立てて作られたアンケートを因子分析する。
When	代替案発想過程，合理的判断過程。	
Who	複数の変数について分析をしたい，統計分析ツールを使える人。	
How	相関行列または共分散行列を元に計算された固有値と累積寄与率から成分数を決定する。	相関行列または共分散行列を元に計算された固有値とスクリープロットの傾斜から因子数を決定する。因子軸を回転させて因子負荷量を算出する。

1.2 分析手順

　主成分分析と因子分析では分析の目的が異なるものの，計算の手順は図2に示す通り似ています。ここでは手順に即して，その過程で必要になる基礎知識を学んでいきましょう。

⑴ 変数の分布を確認する

　どちらの分析も変数間の相関係数または共分散に基づいて分析を進めます。よって，分析に使う変数は，量的変数とみなせるものであることが望ましいです。また，アンケート調査では，5段階評価などがよく使われますが，天井効果やフロア（床）効果が疑われるものは，対象の特徴を捉えることに十分寄与していない可能性がありますから，分析対象からはずすことも考慮しましょう[9]。研究目的によっては重要な項目である可能性もありますから，予備調査で確認するのがよいでしょう。

⑵ 相関行列を計算して，項目同士の関係を確認する

　変数の全ての組み合わせについて相関を求め，どの項目間に関連があるかを確認します。分析後の解釈の時にも確認しましょう[10] [11]。

6) 利用する分野によって，Where の例も異なり，扱うデータの特徴も変化する。詳細は巻末注2

7) 分析に必要なデータ数についての詳細は巻末注3

8) 相関行列と共分散行列についての詳細は巻末注4

9) 天井効果とフロア効果についての詳細は巻末注5

10) 相関係数（第2章 P.33）

11) Rコマンダーでは，［統計量］→［要約］→［相関行列］で結果が算出される。

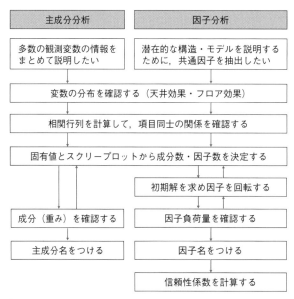

図2　主成分分析と因子分析の分析手順

(3-1) 主成分分析

　主成分分析は，「変数の数＞主成分の数」となるようないくつかの主成分を変数の一次式として見つけ，観察した現象をより少ない特徴量で説明することをねらいます。この作業は，数学的には固有値というものを求めることで行い，Rコマンダーなどの統計ツールで算出します[12]。主成分の個数は，**固有値**[13] が **1以上**という基準や，累積寄与率，その値の変化の様子（**スクリープロット**[14] の形）に着目して決めます。

(3-2) 因子分析

　因子分析も統計ツールを使って分析しますが，仮定する因子に対応して，**因子数**や，**共通性**[15] の値の推定方法を指定する必要があります。それぞれ以下のような指定の方法があり，利用できる統計ツールや分析の途中結果などを参考にして，決めていきます[16]。

　まず，因子数は，最初から想定している因子があるなら，その個数を指定します。それ以外の方法としては，固有値の値が1以上や，スクリープロットの形を見て決定する方法などがあります。一方，共通性は，図1の共通因子と独自因子のうち，前者が各変数に占める割合の指標になっており，その最大値は1です。共通性は，分析者がその値を直接指定するのではなく，その値を推定する手法を指定します。なお，統計ツールによっては共通性の推定方法があらかじめ決まっているものもあります。

12) Rコマンダーで主成分分析を実行するには，［統計量］→［次元解析］→［主成分分析］を選択し，［相関行列の分析］と［スクリープロット］にチェックを入れて計算する。

13) 固有値についての詳細は巻末注6

14) 固有値を降順でプロットしたグラフ（P.96の図3参照）。Rコマンダーでは，固有値の計算とスクリープロットの作図のために，［統計量］→［次元解析］→［主成分分析］を選択し，スクリープロットにチェックを入れる。

15) 共通性についての詳細は巻末注7

16) Rコマンダーで因子分析を実行するには，［統計量］→［次元解析］→［因子分析］で変数を選択して，「因子の回転」を選び，抽出する因子数を指定して計算する。

⑷ 因子の回転

因子分析では，因子数と共通性の推定方法を指定すると，初期解が求まります。**初期解**を回転させて，（特定の変数は特定の因子と強い関係を持つようにするなど）因子の特徴をより明確にします[17]。軸の回転方法は，大きく分類して，因子間の相関係数は0であると仮定して回転させる**直交回転**[18]と，因子同士の相関があってもよいと仮定して回転させる**斜交回転**[19]があります。直交回転は，因子間に相関関係が無いという想定の下で行いますが，心理尺度の場合は斜交回転がよく使われます。

⑸ 結果の数値を確認する

成分負荷量／因子負荷量の値について絶対値が大きいほど，その成分／因子と変数との関係が強いことを表します。絶対値が大きい順に並べ替えるとよいでしょう[20]。なお，因子分析の場合は，回転後の因子負荷量を見ます。その後，関係が強い変数の項目内容に共通する特徴を解釈し，各主成分／因子を説明するためのわかりやすい名前（主成分名／因子名）をつけます。この時，符号が異なる項目は，逆の意味に解釈すると，結果の報告もよりわかりやすくなります。因子分析の場合，その名前の印象が独り歩きしてしまうことがあるので，各因子の項目とかけ離れないように命名することを心がけましょう。

⑹ 信頼性係数を計算する

各因子を構成する項目が，どのくらい一貫した内容を測定しているかの検討を行います。一般的な方法としては，Cronbachのα係数が挙げられます。α係数が，0.70以上（できれば0.80以上）であれば，因子の「内的整合性が高い」と判断しますが，項目数が多いと高くなりますし，項目数が少なくても項目間の相関が強いと高くなります。0.50を下回る場合には，因子分析の再検討を行います[21]。また，逆転項目や因子負荷量がマイナスの変数をそのまま計算するとα係数が低い値になってしまうため，α係数の算出前には，逆転項目[22]の処理を行いましょう。

⑺ その後の分析に利用する

因子分析の場合，仮説で予測した潜在的な構造を確認した後，因子を元にその後の分析に利用するのが一般的です。各回答者の因子得点[23]を計算する場合と下位尺度得点を計算する場合があります。たとえば，因子ごとの下位尺度得点を基に，他の変数との関係を分析したり，第1章のt検定，第3章の分散分析における群分けや要因水準を設定する基準として用いたり，第4章の重回帰分析の目的変数や説明変数として用いることもできます。

[17] 主成分分析では回転をしない。詳細について巻末注8

[18] バリマックス法，エカマックス法などがある。

[19] プロマックス法が代表的。

[20] 負荷量，因子寄与率，累積寄与率，Rの表記についての詳細は巻末注9

[21] 信頼性係数についての詳細は巻末注10

[22] 5段階評定などで，質問項目の内容と逆の意味で解釈する必要がある項目のこと。必要に応じて数値を逆転する処理を行う。

[23] 因子得点と下位尺度得点についての詳細は巻末注11

2. 問題解決モデルに基づく主成分分析
～多くの変数から全体をまとめる変数を作る～

タロウさん

街づくりコンテストのカフェ部門があるんだって。この街に，どんなカフェがあるといいかを調べて提案しようよ。いろんなカフェの特徴に関するデータをもらったよ。

おもしろそうね。カフェってどんな特徴があるのかしら。うーん，それぞれの特徴でカフェを比べても，項目が多くてわかりにくいわね。どんなカフェがあるのか，全体の特徴をまとめて比較できるといいわね。

ハナコさん

2.1 問題解決の方向性を考える（目標設定過程[1]）

⑴　問題を明確にして目標を設定する

　タロウさんとハナコさんは，街づくりコンテストのカフェ部門に，街を活性化するカフェの提案書を作成して応募することにしました。この街に，どんなカフェがあるといいのかを提案するために，カフェの特徴に関する 10 店舗のデータ（表2）を分析することにしました[2]。これまで学んだ問題解決の縦糸・横糸モデルの手順に沿って，**目標設定過程**の作業から進めましょう。

　目標設定過程の作業には問題分析と計画立案があり，「良さ」と「条件」を明確にして，「仮説や分析の方針」と「作業計画」を立てるため，まずは，問題解決に役立つ情報を収集します。今回の問題では，表2のデータから，どんなカフェがあるのかを比較したいようです。これに加えて，例えば，街の人口，カフェの数，外食費，オフィス街か住宅街かなど，カフェをオープンするためには，別のデータと関連づけた分析もできますね。総務省統計局には，公開されているデータがたくさんありますので，分析に活用するとよいでしょう。既存のデータを利用する場合は，

1）2.1 節は，問題解決の縦糸・横糸モデルの目標設定過程

2）データは Web サイトからダウンロードしてください

表2　カフェの特徴に関するデータ

店舗	繁華街にある	メニューが豊富である	店内照明は暗くしている	1名用の座席が多い	店内は静かである	ランチ時間は満席になる	テイクアウトするお客が多い	長時間滞在するお客が多い
A	5	5	4	5	4	5	5	2
B	2	5	5	3	5	3	2	5
⋮	⋮	⋮	⋮	⋮	⋮	⋮	⋮	⋮
J	2	3	5	3	4	3	3	4

データの出所やアクセス日などのデータに関する記録も大切です[3]。今回は，複数のカフェをわかりやすく比較できるようにすることが分析の「良さ」であり，表2のデータを使うことが「条件」になります。

(2) データクリーニングをして統計的に分析可能な表現に変換をする

統計手法の発想をする前に，第1章で学んだ**データクリーニング**[4]を行う必要がありましたね。各変数の**尺度水準**[5]を確認し，調査票の原本が閲覧できる場合は，回答方法や変数がどのような範囲の数値なのかを確認しましょう。表2の場合，それぞれの変数には，「あてはまらない〜あてはまる」の5段階評価をした1〜5の数値が入力されていますので，間隔尺度でみなして分析していきます。各変数の天井効果とフロア効果の確認もしましょう。

データクリーニングが終わったら，次に，分析の方針を立てるため，本当に知りたい（解決したい）問題は何かを明確にするために，知りたい，解決したい，と思う日常的な言葉を使った疑問を統計的仮説に言い換えるための**表現の変換**を行います[6]。

今回は，「いろんなカフェの特徴が知りたい」という日常的な言葉を使った疑問がありました。それぞれの変数間に相関関係はありそうですが，2変数ごとにばらばらに結果が出ても解釈が難しそうですね。このような場合は，全部の変数の特徴をまとめることを目標に考えてみましょう。

今回の表現の変換は，「いろんなカフェの特徴が知りたい」ということを，「カフェの特徴に関する複数の変数から，全体を説明する少数の変数にまとめてカフェを比較する」と言い換えることができます。目標となる分析の良さは，複数のカフェの特徴を「より少ない変数で」「違いがより明確になるように」として，次の代替案発想過程で，これまで学んだ統計手法から複数の手法を発想していきましょう。

2.2 分析手法を発想する（代替案発想過程[7]）

代替案を発想するときは，自由に，できるかできないかなどは考えずに，なるべくたくさんのアイデアを発想することが大切です。同じデータでも，知りたいことが異なれば，分析方法も変わってきます。データの見方や切り口を変えて，たくさんのアイデアを発想しましょう。

表現の変換で行ったように，「カフェの特徴に関する複数の変数から，全体を説明する少数の変数にまとめてカフェを比較する」ための統計的な手法について情報収集を行うと，複数の変数をまとめて分析するための統計的な手法は，第3章で学んだ分散分析や第4章で学んだ回帰分析

[3] 総務省統計局についての詳細は巻末注12

[4] データクリーニングの5W1Hフレームを確認すること
（第1章 P.26）

[5] 尺度水準，質的変数と量的変数については第2章P.33を確認すること

[6] 表現の変換についての詳細は第1章P.25を確認すること

[7] 2.2節は，問題解決の縦糸・横糸モデルの代替案発想過程

や重回帰分析，主成分分析や因子分析が挙げられます。第2章で学んだ相関係数では，2変数の関係がわかります。第1章で学んだ t 検定についても今回の目標となる分析の良さが得られるか，次の合理的判断過程で考えてみましょう[8]。

2.3 分析手法の改善方針を考える（合理的判断過程[9]）

　複数の分析手法について発想したら，次に，第2章で学んだように，合理的判断過程では5つの観点から検討し，代替案発想過程で考えた案のデメリットを考慮した改善方針のアイデアを出します。ここでは，自由に発想したたくさんのアイデアについて，どのアイデアが適しているのか，分析上の問題はないのかということを，合理的判断のための枠組みの各観点に即して検討します[10]。今回は，第1章の t 検定，第2章の相関係数，第4章の回帰分析，第5章の主成分分析と因子分析について検討してみましょう[11]。

(1)　適用条件を満たしているか

　t 検定では，2群の平均値の差の検定になりますので，2群に分けるための基準となる変数が必要です。分散分析でも基準となる変数が必要です。一方，回帰分析では，目的変数が必要です。相関係数，主成分分析，因子分析では，基準となる変数や目的変数は必要ないので，このまま分析を進めることが可能です。

(2)　分析目的を達成できるか

　「カフェの特徴に関する複数の変数から，全体を説明する少数の変数にまとめてカフェを比較する」という分析目的を考えると，相関係数に関しては，2変数の関係はわかりますが，2変数の組み合わせだと28通りも結果が出てしまいます。因子分析は，潜在的な共通因子を抽出するための分析なので，今回の「カフェの特徴に関する複数の変数から，全体を説明する少数の変数にまとめてカフェを比較する」という目的には適しません。主成分分析は，複数の変数から全体を説明する少数の変数にまとめる分析なので，今回の分析目的を達成できます。主成分分析と因子分析の違いについては，図1（P.88）の関係性の図の矢印の方向を確認しましょう。

(3)　当該手法の問題点を考慮したか

　(2)までの検討で，主成分分析が適切であると予測できました。主成分分析では，全体をまとめて説明できるメリットはありますが，正規分布を前提にした理論のため，これにうまく当てはまらない特異データがあると相関係数に影響を与えますので，データをよく確認するようにしま

8) これまでに学んだ統計手法については，以下のページの5W1Hフレームを確認すること
t 検定
（第1章　P.29）
相関係数
（第2章　P.33）
分散分析
（第3章　P.53）
回帰分析
（第4章　P.73）

9) 2.3節は，問題解決の縦糸・横糸モデルの代替案として発想した分析手法を実行し，合理的判断を行い，結果によっては代替案発想過程に戻って分析方法の再検討を行う合理的判断過程
（第1章　P.22）

10) 合理的判断のための枠組みとフロー図についての詳細は第2章のP.44を確認すること

11) これまで学んだことをP.89表1の知識の5W1Hフレームを活用して，知識を整理しながら確認しよう。

しょう。

⑷ 分析結果全体の整合性を満たしているか

アンケート調査の分析では，ひとつの統計手法だけで終わることはありません。分析目標を達成するために，代替案としていろいろな統計手法を組み合わせ，得られた結果をもとに，さらに別の統計手法で分析を進めていきます。その時の手法の組み合わせに本当に問題がないのか，統計的に間違った分析をしていないかということを過去の事例や文献などから情報収集して確認します。

⑸ 適用分野固有の問題はないか

データ分析をするときは，扱うデータやその分析の考え方，解釈の仕方などに，専門分野特有の作法や注意点があります。例えば，心理学の分野では5段階評定で得た回答を量的変数と解釈して分析することが一般的ですが，分野によっては質的変数として扱うべきという立場もあります。医学や工学の分野では機器を使って計測した生理指標や物量量を使うことが一般的で，相関関係もかなり大きな値で相関があるか否かを判断します。専門分野の特徴については専門家の話を聞いたり，文献を調べたりして情報収集し，その分野の作法に従うようにしましょう。

2.4 主成分分析を行う（代替案発想過程〜合理的判断過程）

今回は，「カフェの特徴に関する複数の変数から，全体を説明する少数の変数にまとめてカフェを比較する」ことを分析目的として，図2（P. 90）の主成分分析の分析手順に従って分析を進めることになりました。しかし，主成分分析の結果が出た後も，上記の合理的判断過程の⑴〜⑸の観点で確認し，改善が必要な場合は，もう一度，代替案発想過程に戻り，第2章で学んだように，よりよい統計処理のアイデアの改善方針を考えてみましょう。

統計ツールによって，分析に関する設定項目などが異なるので確認しましょう。表3のように相関行列を算出して全体の関係を確認した後，固有値とスクリープロットを算出して，主成分の数を決定します[12)] [13)]。

12) 相関行列で有意差があることは，相関が強いということではない。
Rコマンダーでは，［統計量］→［要約］→［相関行列］で結果が算出される。

13) Rコマンダーで主成分分析を行うには，［統計量］→［次元解析］→［主成分分析］を選択し，［相関行列の分析］と［スクリープロット］にチェックを入れて計算する。

表3　カフェの特徴に関するデータの相関行列

	繁華街にある	メニューが豊富である	店内照明は暗くしている	1名用の座席が多い	店内は静かである	ランチは満席になる	テイクアウトが多い	長時間滞在が多い
繁華街にある	1.00							
メニューが豊富	0.51	1.00						
店内照明は暗くしている	− 0.15	0.39	1.00					
1名用の座席が多い	0.90 **	0.76 **	0.19	1.00				
店内は静かである	0.14	0.64 *	0.78 **	0.46	1.00			
ランチは満席になる	0.78 **	0.72 **	0.16	0.88 **	0.27	1.00		
テイクアウトが多い	0.86 **	0.29	− 0.36	0.69 *	− 0.23	0.59 *	1.00	
長時間滞在が多い	− 0.52	0.20	0.73 **	− 0.18	0.62 *	− 0.06	− 0.77 **	1.00

＊＊：相関係数は1％水準で有意（両側）　　＊：相関係数は5％水準で有意（両側）

表4　カフェの特徴に関するデータの固有値 [14)]

成分	合計	分散の％	累積％
1	4.03	50.4	50.4
2	3.02	37.7	88.1
3	0.39	4.9	93.0
4	0.31	3.8	96.8
5	0.19	2.4	99.2
6	0.04	0.6	99.8
7	0.02	0.2	100.0
8	0.00	0.0	100.0

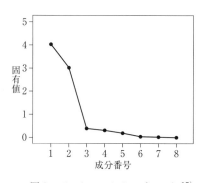

図3　データのスクリープロット [15)]

14) 固有値（P.90）

15) スクリープロット（P.90）

2.5　主成分分析の結果をまとめる（最適解導出過程 [16)]）

　表4と図3から，固有値，累積寄与率，スクリープロットを確認すると，2つの主成分にまとめることができますね。主成分分析では，複数の変数の分散が一番大きくなる合成変数（主成分）を算出しています。表5のすべての項目の総合的な合成変数となる第1主成分と残りの情報から抽出された第2主成分の項目の主成分負荷量をよく見て，主成分名をつけます。このとき，図4のように，第1主成分と第2主成分の2軸に対する成分負荷量のプロット図を作ると，それぞれの変数と主成分との関係が視覚的にわかりやすくなります [17)]。

　今回の結果から，第1主成分は，「繁華街にある」「1名用の座席が多い」「ランチ時間は満席になる」「メニューが豊富である」「テイクアウトするお客が多い」の5項目の成分負荷量がプラスに高く，「カフェの集客力」

16) 2.5節は，問題解決の縦糸・横糸モデルの最適解導出過程

17) プロット図は，統計ツールを利用して作成できる。

96

表5　カフェに関するデータの主成分負荷量

	成分1	成分2
繁華街にある	0.93	−0.26
メニューが豊富である	0.76	0.48
店内照明は暗くしている	0.08	0.89
1名用の座席が多い	0.98	0.12
店内は静かである	0.34	0.87
ランチ時間は満席になる	0.90	0.12
テイクアウトするお客が多い	0.78	−0.57
長時間滞在するお客が多い	−0.30	0.90

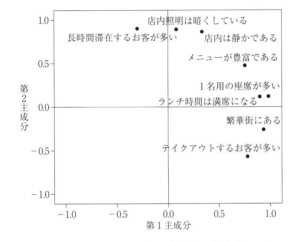

図4　カフェに関する主成分分析結果の成分プロット

に関する成分を表し，カフェの総合評価となります。第2主成分は，「長時間滞在するお客が多い」「店内照明は暗くしている」「店内は静かである」の3項目の成分負荷量がプラスに高くなり，これは「カフェの居心地」に関する成分と解釈できそうです。第2主成分の得点が高いカフェは，居心地がよく，カフェの滞在時間が長いことがわかります。

　次に，10店舗の第1主成分と第2主成分の主成分得点を算出した結果を基に図5のように，散布図を作成してみましょう。X軸の第1主成分は，右の店舗の方がカフェの集客力に関する総合点が高いといえます。Y軸は，上の店舗ほどカフェの居心地がよく，滞在時間の長いカフェとなります。

　例えば，A店舗は，カフェの集客力があり，お客の滞在時間は中間くらいですね。B店舗は，カフェの集客力の総合点は中間くらいですが，カフェの居心地がよく，お客がゆっくりと過ごしている様子がわかります。このように，10店舗のカフェを平面状にマッピングして比較することで特徴がわかりやすくなりました[18]。

18）主成分分析の主成分の軸の算出についての詳細は巻末注13

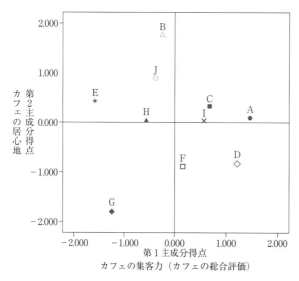

図5　主成分得点による 10 店舗のプロット

　最適解導出過程として，報告書やレポートを作成に進みます。仮説，
データの出所，データ情報として必要な記述を行います（調査日，回答
者数，属性など）。分析の方法として，主成分分析の手順を記述します。
分析ツール，主成分数の決定方法・基準（固有値，累積寄与率，スクリー
プロットなど），主成分名をどのように決めたか，分析結果を表と図か
らまとめて，考察を行いましょう。

　今回は，10 店舗のカフェに関する 8 項目のデータを使って，「カフェ
の集客力」と「カフェの居心地」という 2 つの観点から 10 店舗の特徴
を分析することができました。この 2 つの観点に絞って，街を活性化す
るために，どのようなカフェがあるといいのかの企画をすることができ
そうですね。

3. 問題解決モデルに基づく因子分析
～多くの変数から潜在的な共通因子を抽出する～

みんなはどんな時にカフェに行きたいと思うのかのアンケート結果があるんだけど，項目が多くてまとめにくいなぁ。

タロウさん

どんな時っていっても，いくつか共通した傾向に分類できそうよね。今までの検定だけだと説明がまとまらないかも。共通の傾向を見つけるには，どうしたらいいのかしら。

ハナコさん

3.1 問題解決の方向性を考える（目標設定過程 [1]）

1）3.1節は，問題解決の縦糸・横糸モデルの目標設定過程

(1) 問題を明確にして目標を設定する

タロウさんとハナコさんは，街づくりコンテストにカフェの提案書を作成して応募するために，さらに分析をすることにしました。どんな時にカフェに行きたいと思うのかという複数の変数をいくつかの共通した傾向に分類できれば，年代や属性別に，どんなカフェを好む傾向があるのかわかり，この街のニーズに合わせた提案書を作れるのではないかと考えました。問題解決の縦糸・横糸モデルの手順に沿って，目標設定過程の作業から進めましょう。今回の問題では，表6のアンケートの結果から，どんな時にカフェに行きたいと思うかの複数の項目について，隠れた共通の傾向を見つけることが分析の「良さ」であり，表6のデータを使うことが「条件」になります[2]。

2）データはWebサイトからダウンロードしてください

表6　カフェのイメージに関するデータ入力表（抜粋）

ID	性別	年代	属性	お腹が減った時	のどが渇いた時	季節限定メニューが出た時	…	読書したい時
1	男	10	学生	5	5	4	…	3
2	男	20	ビジネス	2	2	2	…	4
⋮	⋮	⋮	⋮	⋮	⋮		⋮	⋮
60	女	30	その他	2	2	1	…	3

(2) データクリーニングをして統計的に分析可能な表現に変換をする

今回のデータは，属性に関する3項目と，どんな時にカフェに行きたいと思うかに関する9項目です。9項目については，「行きたいと思わない」から「行きたいと思う」までの5段階評定で，回答者は男女60

名であることがわかりました。表6のように，列を変数，行をケースとしてデータが入力されていますので，第1章で学んだデータクリーニングを行い，尺度水準の確認や回答の偏りを確認します。今回分析する9項目は間隔尺度で量的変数なので，データの偏りは，平均値，標準偏差，ヒストグラムから判断し，天井効果とフロア効果について確認します[3]。逆転項目が混在している場合は，この段階で数値の変換をすることもあります[4]。

　データクリーニングが終わったら，日常的な言葉を使った疑問を統計的仮説に言い換えるための表現の変換を行います[5]。今回は，「みんなはどんな時にカフェに行きたいと思うのかを知りたい」という日常的な言葉を使った疑問がありました。それぞれの変数間に相関関係はありそうですが，2変数ごとの結果がたくさんあると解釈が難しいですよね。今回は，複数の変数に隠れた共通の要因を見つけることを目標に考えてみましょう。「みんなはどんな時にカフェに行きたいと思うのかを知りたい」ということから，「カフェに行きたいと思う場面に共通する要因を見つけて分類する」と変換することができます。目標となる分析の良さは，複数のカフェに行きたいと思う場面について「共通する要因を見つける」こととして，データを統計的にまとめる因子分析の手法と特徴について学びながら進めましょう。

3.2 因子分析を行う（代替案発想過程～合理的判断過程[6]）

⑴　相関行列から項目同士の関係を確認する

　項目同士の相関行列を計算した結果を表7にまとめました。相関のある項目を確認しておくと，因子分析結果の予測や解釈に役立ちます。

表7　カフェに関するデータの相関行列（抜粋）

	お腹が減った時	季節限定メニューがでた時	友達とおしゃべりしたい時	待ち合わせの時	勉強・仕事がしたい時	ひとりになりたい時
お腹が減った時	1.00					
季節限定メニューがでた時	0.58 **	1.00				
友達とおしゃべりしたい時	− 0.12	− 0.03	1.00			
待ち合わせの時	− 0.19	− 0.27 *	0.64 **	1.00		
勉強・仕事がしたい時	− 0.52 **	− 0.35 **	− 0.43 **	− 0.34 **	1.00	
ひとりになりたい時	− 0.37 **	− 0.14	− 0.38 **	− 0.44 **	0.72 **	1.00

**：相関係数は1%水準で有意（両側）　 *：相関係数は5%水準で有意（両側）

⑵　因子数を決定する

　データから共通因子の数を決定するために，探索的因子分析を行いま

3）天井効果とフロア効果（P.89）

4）逆転項目（P.91）

5）「表現の変換」については第1章P.25を確認すること

6）3.2節は，問題解決の縦糸・横糸モデルの代替案として発想する代替案発想過程から，発送した分析手法を実行し，合理的判断を行い，結果によっては代替案発想過程に戻って再検討を行う合理的判断過程

す。統計ツールによって計算の設定が異なるので確認しましょう。出力された**固有値**[7]や**スクリープロット**[8]，累積寄与率に着目して因子数を決定します。表8から「固有値1以上」の因子数と，図6のスクリープロットから，傾きが水平に近くなる手前の因子数を確認すると2因子となるようです。しかし，因子数を決定するための基準を満たさない，または，仮定していたモデルの構造と因子数が異なる場合は，いずれか1つの基準を重視して因子数を決定して分析を進めます。この判断は分析者が行うので，基準を考えながら進めましょう。

7) 固有値についての詳細は巻末注14

8) スクリープロット：P.90

表8　カフェに関するデータの固有値

成分	合計	分散の%	累積%
1	3.65	40.6	40.6
2	2.72	30.2	70.8
3	0.77	8.6	79.4
4	0.50	5.5	85.0
5	0.40	4.5	89.4
6	0.34	3.7	93.2
7	0.30	3.3	96.5
8	0.19	2.1	98.6
9	0.13	1.4	100.0

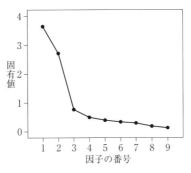

図6　カフェに関するデータの
固有値のスクリープロット

⑶　因子軸を回転する

　因子数を決定したら，その因子数で共通性を求め，初期解を求めます。その後，その初期解について因子軸の回転を行います。軸を回転させることで，より因子の特徴が際立ちます。性格などに関連するアンケートは，個人の考え方や行動には相関があると考え，斜交回転であるプロマックス回転を行うことが一般的です。今回のデータも，カフェに行きたいと思う要因には相関があると想定して，斜交回転であるプロマックス回転で進めてみましょう[9]。統計ツールによっては，回転後の因子負荷量の大きい順に自動で並び替えてくれる機能もありますが，その機能がない場合は，表9のような項目名と因子負荷量を絶対値の大きい順にまとめた表を作りましょう。斜交回転の場合は，因子間相関がある前提となりますので，表10のように因子間相関も求めましょう。

9) 回転方法：P.91
Rの表記
Factor Correlations
Rコマンダーでは，［統計量］→［次元解析］→［因子分析］で変数を選択して，「因子の回転」を選び，抽出する因子数を指定して計算する。

表9　プロマックス回転後の因子負荷量

	因子1	因子2
待ち合わせの時	0.87	−0.33
打ち合わせの時	0.79	−0.35
ひとりになりたい時	−0.72	−0.35
読書したい時	−0.68	−0.23
勉強・仕事がしたい時	−0.65	−0.49
友達とおしゃべりしたい時	0.64	−0.17
お腹が減った時	−0.03	0.87
のどが渇いた時	−0.08	0.76
季節限定メニューがでた時	−0.15	0.69

表10　因子間相関

	因子1	因子2
因子1	1	
因子2	0.16	1

　この時点で，目標と条件に基づいた合理的判断の枠組みに即して分析結果をもう一度確認し，分析方法に改善が必要な場合は，代替案発想過程に戻り，分析方法の再検討や項目を確認した上で再分析を実施します。

　例えば，どの因子にも因子負荷量が極端に小さい項目がないかを確認し[10]，因子負荷量が0.35または0.40程度の因子負荷量を基準として，その数値より小さい場合はその項目を削除して再分析することもあります。因子負荷量の小さい項目を削除する場合は，因子数を決定した固有値やスクリープロットにも影響を与えますので，再度確認しながら進めましょう。

(4)　因子の解釈をする

　今回は，第1因子に6項目，第2因子に3項目がまとまりました。回転後の因子負荷量を確認した後は，各因子の質問項目をよく読み，因子の解釈をします。第1因子は，「待ち合わせの時」「打ち合わせの時」「友達とおしゃべりしたい時」がプラスの因子負荷量となり「交流場面」を表し，「ひとりになりたい時」「読書したい時」「勉強／仕事がしたい時」がマイナスの因子負荷量となり「個人場面」を表していて，「カフェでの行動」に関する因子が抽出されました。第2因子は，「お腹が減った時」「のどが渇いた時」「季節限定メニューがでた時」がプラスの因子負荷量となり，「カフェでの飲食」に関する因子が抽出されました。

　因子名をつける時には，図7のように，第1因子と第2因子の因子軸を取り，各変数の因子負荷量のプロット図を作ると，それぞれの変数の関係性が解釈しやすくなります。各因子を説明する名前（因子名）をつけると，結果の報告もより理解しやすくなります[11]。

10）報告書への記述の工夫については巻末注15

11）因子名の付け方と注意（P.91）

102

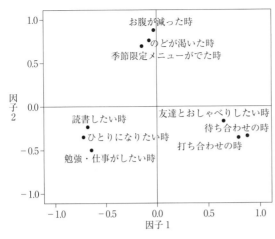

図7　カフェに関する因子負荷量プロット

⑸　因子の内的整合性を検討する

　尺度などを作成する場合は，因子分析の結果が信頼できるものかどう
か，各因子（尺度）の信頼性の検討を行います[12]。一般的な方法とし
ては，Cronbach の α 係数が挙げられます。表 11 を見ると，各因子 0.80
以上であり「内的整合性が高い」と判断していいでしょう。0.50 を下回
る場合には，因子分析について再検討することも考えましょう。

　また，逆転項目や因子負荷量がマイナスの変数をそののまま計算する
と α 係数が低い値になってしまうため，α 係数の算出前には処理が必要
です[13]。今回は，第 1 因子の「ひとりになりたい時」「読書したい時」「勉
強 / 仕事がしたい時」という個人場面に関する項目がマイナスの因子負
荷量になりましたので，元のデータは残したまま，新しく数値を逆転し
た変数を作り，信頼性分析を行いましょう。統計ツールによっては数値
を変換する機能もありますし，Excel 上で変換することも可能です。

表 11　カフェに関するデータの信頼性の検定結果

因子 1

Cronbach の α	項目の数
0.86	6

因子 2

Cronbach の α	項目の数
0.81	3

⑹　その後の分析に活かす（因子得点と下位尺度得点）

　論文やマーケティングでは，この因子を基に新たな変数を作り，さら
に他の変数と分析を行うことが一般的です。因子得点と下位尺度得点と
いう 2 つの算出方法があります[14]。それぞれの特徴を理解して，外部
知識を活用しながら検討することが大切です。

　今回は，カフェに行きたいと思うかの 9 項目から，共通因子を探して，

12）信頼性の検定：P.91
R コマンダーでは，信頼性
係数は，［統計量］→［次
元解析］→［スケールの信
頼性］から，各因子に含ま
れる変数を選択して計算す
る。

13）逆転項目（P.91）

14）因子得点と下位尺度得
点の算出方法（P.91）

複数の変数を分類するという目標を達成できました。この結果を基に，年代や属性でカフェに求めるものが異なるのかという次の分析につなげることができます。タロウさんとハナコさんも，データに基づくこの街のニーズに合わせたカフェの提案書が作れるのではないでしょうか。

3.3 因子分析の結果をまとめる（最適解導出過程 [15]）

15）3.3 節は，問題解決の縦糸・横糸モデルの最適解導出過程

　最適解導出過程として，結果の報告書やレポートを作成に進みます。報告書には，どのようなプロセスを経て，結果が得られたのかを明記します。仮説，データの出所，データ情報，因子分析の手順を記述します。分析ツール，因子の抽出法（主因子法など），因子数の決定方法・基準，回転法，項目の削除を行った場合はその基準などを含めた因子分析の結果を，表と図を用いてまとめて考察を行います。報告書や論文では，因子名，信頼性検定の結果，因子負荷量と共通性，寄与率，因子間相関を1つの表でまとめることもあります。表の罫線の表示方法などは，その分野でのルールがあるので，情報収集しながら作成しましょう。

3.4 主成分分析と因子分析のまとめ

　多数の変数がある時に，どのような目的でまとめたいのかによって分析方法を選択することがわかりました。複数の変数の特徴をまとめてより少ない変数で全体を説明したいと考える場合は主成分分析を実施します。複数の変数から共通因子を通して，見えない傾向が見えるようするのが因子分析です。因子得点や下位尺度得点を使うと，他の項目との統計分析も行うことができます。ビジネスの世界でも，商品の好みや傾向を分析し，売り上げ予測や新商品開発，ブランド力のアップにつながるマーケティング分析として利用されています。

　最後に，潜在的な変数（因子）との間に因果関係はあるのか考えてみましょう。因子分析は相関係数を元に計算が進められているが，第2章の相関関係でも学んだように，相関関係は，AとBの事柄になんらかの関連例があるということを表しています。「一方（たとえばA）が増加するときに，他方（たとえばB）が増加（または減少）する傾向がある」という2つの量の関係であり，Aを原因としてBが変動するものではありません。テレビや雑誌のアンケート結果などを見るときも，疑問を持って，問題解決的な視点で判断しましょう。

第6章

何か良いグループ分けの方法は無い？

因子分析を使うと，関連の深いアンケート項目群（グループ）を見いだすことができました。それでは，ちょっと発想を変えて，項目間ではなく，回答者間の相関係数を求めて因子分析をすれば，回答者をグループ分けすることができるでしょうか？
[クラスター分析]

1. クラスター分析

1.1 似たものグループの作り方

チーム競技をするためのチームを作る時には，似たようなチームを作る（チーム間に差がない）ことを重視することが多いかもしれません。逆に，タイプの異なるチームを作り，どういうチームが良い成績を残すかを調べる場合もあるでしょう。いずれにせよ，チーム分け前に，全員を似た者同士で分類したグループを作り，各グループから1人ずつをチームに入れたり，特定のグループからチームメンバーを選ぶなどして，どのようなチームを作るかを考えることになるでしょう。

ここでは身体計測のデータから似たものグループを作る方法について考えてみることとします。表1に入手したデータの一部を示します[1]。

1) 服を選ぶ目安としてこれらの数値が示されている理由を考えてみよう。

表1　身体計測の結果

通し番号	身長	体重	肩幅	胸囲	胴囲	股下	…
1	174.3	74.6	44.9	92.1	77.0	78.3	
2	177.1	71.3	48.8	90.5	80.2	83.9	
3	175.2	62.1	40.8	90.3	75.3	71.8	
…							

一般的には，体型を示す各部位の数値が近い（差異が無い）なら似ており，差異が有れば似てない，と判断するでしょう。ただし，同じ1cmの違いでも，身長と肩幅の違いでは，差異の有無の受け取り方は変わる可能性があります。ここに，人が感覚的に似ているか否かを判断するのではなく，数学的な方法を活用する意義があります。

この章では，分析対象がどのグループに属するかといった情報が無い時[2]，データ間の類似度を計算して「似たもの同士」をまとめ，グループ化する「**クラスター分析**」を学びます。**クラスター**とは，データのパターンが似ている対象を集めたもので，グループ分けすることをクラスタリングと呼びます。また，対象がどの程度似ている（似ていない）かを示す値を類似度（非類似度）と呼びます[3]。クラスターを作ることによって，各クラスターが持つ傾向を把握することが可能となります。

2) 予めグループに分かれているデータからグループ分けの判別関数を作り，新たなデータにそれを適用してグループ分けを可能にしたい時は，判別分析という手法が使える。

3) 何を類似度とするかによって，さまざまな分析方法が存在する。

1.2 クラスター分析とは？

実際にクラスター分析を用いるにあたって，次の4つについて確認する必要があります。それぞれについてみていきます。

(1) グループ分けの対象は何か

分析に用いるデータのイメージを表2に示します。ここで，サンプル1からサンプル4をグループ化することは「サンプルクラスター」，変数Aから変数Dをグループ化することは「変数クラスター」となります。

表2　データのイメージ

	変数A	変数B	変数C	変数D
サンプル1				
サンプル2				
サンプル3				
サンプル4				

(2) 分類の形式

段階的にクラスターを作っていく階層的クラスター分析と，先にクラスターの数を設定しておく非階層的クラスター分析のどちらを用いるかを決めます[4]。

階層的クラスター分析は類似度が近いもの同士をグループ化（クラスター化）していき，最後に全体が一つのクラスターになります。グループ分けのイメージを図示したものを樹形図（デンドログラム）と呼びます。図1はデンドログラムのイメージです。こういった図を作成できるのは，階層的クラスター分析を用いた時だけです。図の縦軸はグループ間の距離を表し，横に線がつながったところでその距離にある2つのグループが1つにまとめられたことを表します。したがって，クラスター数を決める時は，ある高さで横一直線に線を引き，ぶつかった縦の線の数が，クラスター数になります。なお，階層的クラスター分析を選択した場合，(3)と(4)に続きます。

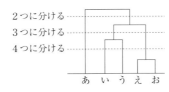

図1　デンドログラムのイメージ[5]

一方，非階層的クラスターは，グループ分けの対象をあらかじめ指定したクラスター数に分類します[6]。代表的な手法として，k-平均法があります。k個のクラスターに分類することを先に決め，暫定的に構成されたクラスターk個の中心とすべての対象の距離を計算してそれぞれのケースを最も近いクラスターに所属させる方法です。

4) 階層的クラスター分析を用いた際，デンドログラムを見ることによって直感的に理解できる。しかし，大規模なデータでは実行不可能になる。この時は，非階層的クラスター分析を用いるとよい。

5) 図1では，まず，「え」と「お」がグループ化し，次に「い」と「う」がグループ化している。これらの2つのグループ同士が統合し，その後に「あ」が「い・う・え・お」のグループに加わる。2つに分けたいのなら「あ」と「い・う・え・お」，3つに分けたいのなら，「あ」と「い・う」と「え・お」，4つに分けたいのなら「あ」と「い」と「う」と「え・お」といったクラスターとなる。

6) 数を指定する必要があるが，いろいろ変えて結果を見た上でクラスター数を決めても構わない。クラスター数についての仮説がなければ使えないという意味ではない。

⑶ **分類に用いる対象間の類似度[7] の計算方法**

　類似度の定義にはいろいろあります。ユークリッド距離[8] や相関係数[9] の逆数，マハラノビスの汎距離[10] などです。

⑷ **クラスターの合併方法（クラスター間の距離の測定方法）**

　クラスターの合併方法には，表4に示すようなものがあります。これらの合併方法の選択を変えることによって，得られる結果がまったく異なることもあります。特に，ある手法では，ある特定のクラスターがどんどんメンバーを吸収して大きくなる傾向があるなど，デンドログラムの形状に影響が見られる場合もあります。

7) 類似度／非類似度の1つの指標として距離がある。クラスター分析では，名義尺度なども分析対象にすることが可能なので，距離よりも一般的な類似度という言葉を使う。

8) ユークリッド距離の詳しい説明は巻末注1

9) 相関係数についての説明はP.34を参照

10) マハラノビスの汎距離の詳しい説明は巻末注2

表3　主なクラスターの合併方法およびその特徴

単連結法 （最短距離法）	クラスターAのサンプルとクラスターBのサンプルの中で，最も近いサンプル間の距離をクラスター間の距離として，距離が最も短いものを合併していく。この方法を用いることにより，大きなクラスターと合併しないものがある場合，それは孤立しているデータであると判断することに役立つ。
完全連結法 （最長距離法）	クラスターAのサンプルとクラスターBのサンプルの中で，最も遠いサンプル間距離をクラスター間の距離として，その距離が最も短いものから合併していく。この方法では1つのクラスターが極端に大きくなることを抑制することができる。
ウォード法	合併後の各クラスター内に属する各ケースの座標と重心の間の偏差の二乗和の増加分が最も少ないクラスターを合併先に選ぶ。この方法では単連結法や完全連結法と比べれば，まとまりのよいクラスターが得られる。

1.3 クラスター分析を覚えるための5W1Hのフレーム形式

　クラスター分析について表5に知識の5W1Hフレームで整理します。クラスター分析は，似たもの同士を集めるための手法です。ですから，似たもの同士となったものをグループとしてみていくことで，全体像を把握しやすくすることができるとも言い換えることができます[11]。

11) 明確な分類基準がない場合に探索的に用いることができる分析方法とも言える。

表4 「クラスター分析」に関する知識の5W1H+αのフレーム[12)

Name	クラスター分析
What	データ間の類似度（距離）を計算し，その類似度が大きい（距離が小さい）ものをグループにまとめていく。
Why	項目を分類するのか，サンプルを分類するのか，両方知りたいのか，について対応することが可能である。
Where	結果としてグループ化されたものへの妥当性や，絶対的な答えを出すことはできない。また，あらかじめいくつに分けるべきかという方針を得ることはできない。 例：販売傾向によって地域を分類する，単に性別や年代でなく回答者を分類するなど
When	代替案発想過程で分類の分析を検討する時，合理的判断過程で誤った分析事例を思い出す時
Who	統計分析ツールを使える，Excel の高度利用
How	a）階層的クラスター分析か b）非階層的クラスター分析かを選択 → a）データ間およびクラスター間の距離を計算する方法を選択／ b）いくつに分けたいかを指定する

12) 第1章表2「知識の5W1H＋αの枠組み

2. 問題解決のためにクラスター分析を用いるには

Aさん

> 高校生48名でスポーツ大会を実施します。4グループに分かれるのだけど、どうやって分けたらいいかな？

> グループを分けるんだから、きちんと分けないといけないね。それじゃ、統計的手法を使ってやってみようよ！

Bさん

2.1 課題の条件をとらえる（目標設定過程[1]）

　まず、課題の条件を確認しましょう。今回は高校生48名をスポーツ大会に向けてチーム分けします[2]。制約条件は「4チーム」で「各チームが同人数になる」ことです。対象とした高校生に関するデータについて統計的手法を使い、チーム分けを行います[3]。4つのチームは、できるだけ平等にするという考え方もありますし、できるだけタイプが異なるチームを作成するという考え方もあるでしょう[4]。

2.2 データをながめる

　データクリーニングをしながら、各変数の分布の状況などを確認しましょう。各変数の測定単位が一致していないので、平均を0、分散を1に統一する標準化をすることも考えましょう[5]。

2.3 表現の変換

　48名をチーム分けするにあたり、まず「きちんと分ける」の意味を明確にする必要があります。単に分けるなら、出席番号順や机の配置によって機械的に「分ける」方法もあります。その場合の「きちんと」は、単に「きっちり12人ずつに分ける」という意味かもしれません。あるいは、「作為的ではなく機械的に」という意味かもしれません。でも、ここでの「きちんと」は、「チーム間に実力差が生じない」や、差が無いことを「客観的に」考慮するという意味があるでしょう[6]。

　そこで、表1に示した身体計測の結果をデータ分析に用います。単に変数に優先順位を付けて、数値の大きい順に並べ替えただけでは、複数の項目を用いて分析したことにはなりません[7]。もちろん、4グループに分けるということが制約条件にあるため、人数を均等にする方法も考慮すべきでしょう。その他に考えておくべきことはあるでしょうか。

1) 問題解決の縦糸・横糸モデルの目標設定過程　第1章 P.21

2) スポーツ大会を行うにあたっては、どんなグループ分けをすれば、どんな結果を得ることが出来るのかについて考えてみる。

3) さらには、統計的な処理を行うことを踏まえて必要なデータ収集をするべきである。

4) 4グループに分けるにあたって考えておくべきことは何だろうか。

5) データの標準化は P.71

6) この分析をすることによって得られる「良さ」を具体的に考えてみよう。→一般的な良さを具体的な良さに言い換える作業。

7) 多分、優先度の高い変数のみで順位が決まってしまい、2番目以降の変数が考慮される可能性は低いでしょう。

3．統計的手法を選択しよう

第5章では主成分分析[1]で分析したよね。それが今回も使えるんじゃないかな。

二次元平面上に人をプロットして，グルーピングすればいいのかしら？

1）主成分分析　P.88
データはウェブサイトからダウンロードしてください。

3.1 主成分分析を使って分析できるだろうか？

　多数の変数を少数の主成分にまとめることができれば，主成分の値でメンバーを並べ替え，各チームにある程度均等にメンバーを分けることができるかもしれません。

　主成分分析[2]では身体計測の各項目から合成変数を作成します。また，主成分得点を求めることで，48人のそれぞれが，この合成変数についてどのくらいの値をとっているかを求めることができます。そして，第1主成分を横軸に，第2主成分を縦軸に散布図を求めることで回答者の分布を2次元で表現できます（図2）。

2）主成分分析では相関係数の行列を選択したことでデータは標準化される。

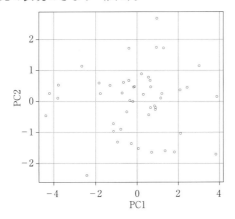

図2　第1主成分と第2主成分の散布図

　今回は12人ずつ4チームに分ける必要があるので，各メンバーの主成分得点の分布から，第1主成分と第2主成分それぞれについて，半数ずつにわけると，上位−上位，上位−下位，下位−上位，下位−下位の4つのタイプに分けることができます。もちろん，それぞれを半分に分けたとしても，4つのタイプに均等に12人ずつに分かれるとは限りませんから，最後は，微調整をする必要がありますが，ある程度客観的に4チームに分けることはできるでしょう[3]。ただし，このチーム分けは，各チームが異なるタイプになる点に注意が必要です。

3）ここで，グループ数（例えば3グループや5グループなど）が変更されたときはどう考えればよいだろうか。

ここでは，主成分分析を使ってどんなことができるか，実際に作業内容を示して説明しました[4]が，実際の代替案発想過程は，作業の見通しを立てることに焦点を当てます。実際に作業をする前に，他の代替案も検討したり，仮にこの方法を使う場合，どんな問題や改善が必要かを合理的判断過程で検討することも必要です[5]。

3.2　適切な手法の選択[6] ①（階層的クラスター分析の場合）

⑴　階層的クラスター分析でわかること

　代替案を1つだけ発想して合理的判断過程に進むのではなく，他の代替案も検討しましょう。予めグループ分けの基準があるわけではなく，与えられたデータの中からグループを構成していく方法としては，やはり，クラスター分析は見逃せません[7]。その方法には，階層的クラスター分析と非階層的クラスター分析の2種類がありました。

　まず，階層的クラスター分析の利用を検討してみましょう。この場合，クラスターの合併方法に，単連結法，完全連結法，ウォード法などがありました。それぞれの結果がどのように違うのか，横糸の情報収集活動として，実際に実行した結果を見てみましょう[8]（図3〜図5）。これらの図をみると，それぞれのデンドログラムは違ってみえます。このようにクラスター分析では，先に手法を限定せずに，得られた図を眺め，目的に応じて選択することを可能とします。

　それぞれのサンプルがどのグループに所属するかを確認した後，各グループはどういった特徴を持つと言えるのかを調べる必要があります。例えば，図6のウォード法による結果を用いて4つに分けるとすると，各クラスターに配分された人数は，12名，10名，6名，20名となっています。これは，制約条件の「各グループが同じ人数になること」には合いません。図4や5でも同様に12人ずつにはなりません。

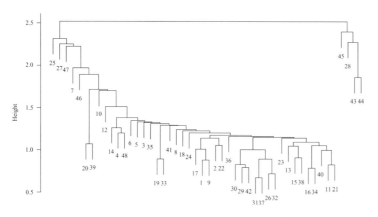

図3　単連結法でのデンドログラム[9]

4) その他にもこれまで学んだ統計分析の方法を用いて分析できないかについても考えてみよう。

5) もちろん，やってみないと分からないこともあるかもしれませんが。

6) データの標準化については P.71，また，第1章の基本統計量，第2章相関係数を求めるなどの作業を行うべきである。

7) 再度確認するが，クラスター分析は，分析を始めるにあたって，分類基準が明確にないときにもサンプルや変数をいくつかのグループに分類することができる探索的な分析方法である。

8) Rコマンダーでは，「統計量」→「次元解析」→「クラスター分析」→「階層的クラスター分析」を選択する。そして，オプションの画面でクラスター合併方法や距離についての選択を行う。

9) 単連結法を用いた図4ではグラフの左側で4つのサンプルが他のクラスターとは分かれていることがわかる。
このグループ分けを利用して，チームを作成することに展開していけばよいかについて考える必要がある。代替案の改善については，次の合理的判断過程で考える。

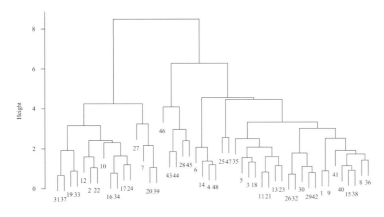

図4　完全連結法でのデンドログラム

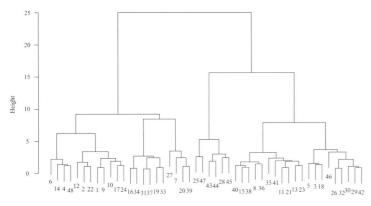

図5　Ward 法でのデンドログラム

(2)　合理的判断過程 [10]

　48 人をグループ化するために階層的クラスター分析を採用しました。今回のデータは適用条件については問題無いでしょう [11]。

　しかし，デンドログラムで4クラスターに分けても，12 人ずつにはなりません。そこで，結果に基づいてチームを作るルールを工夫する必要があります。4つのクラスターを活かすなら，各クラスターから各チームに同人数ずつ配分してはどうでしょう。その場合も，各クラスターの人数は4の倍数ではないので，図6の結果に基づくなら，例えば 12 人と 20 人のクラスターは3人ずつと5人ずつ，6人のクラスターと 10 人のクラスターは，1〜2人と，2〜3人ずつを各チームに配分することになるでしょう。

　別の方法としては，4つのクラスターではなく，より多くのクラスターに分け，できるだけ 12 人に近いクラスターを4つ採用して，残りのクラスターから採用した4つのクラスターに，適宜，12 人になるようにメンバーを配分する方法も考えられます。

10）問題解決の縦糸・横糸モデルの合理的判断過程　第1章 P.21

11）ここでも，それぞれのグループの特徴を踏まえた上で，どういうグループ分けを展開すればよいかを考えてみたい。

1つ目の方法は，4つのグループに同じような特徴を持つ人を均等に配分するもので，2つ目の方法は，異なる特徴を持ったグループを作ろうというものです。目的にかなった方法を選ぶ必要があります。

3.3 適切な手法の選択②（非階層的クラスター分析の場合）

⑴　分析手法の再選択

次に，非階層的クラスター分析を用いてみましょう[12]。この場合には，あらかじめいくつのクラスターにしたいかを指定する必要があります。指定するクラスター数を4，5，…，10と変化させた時に得られる分析結果（各クラスターに何人配置されるか[13]）を表6に示します[14]。

表5　非階層的クラスター分析の結果

クラスター数	k＝4	k＝5	k＝6	k＝7	k＝8	k＝9	k＝10
1	8	4	11	4	2	7	5
2	21	11	9	5	4	4	8
3	14	5	7	8	7	8	9
4	5	17	4	11	10	9	5
5		11	12	7	9	4	3
6			5	9	4	5	4
7				4	4	5	4
8					8	2	5
9						4	3
10							2

また，指定するクラスター数を4と指定した際の各クラスターの基本統計量を表7に示します。各クラスターを比較すると，グループ4は腹囲を除く平均値が全ての変数で最も小さく，また中央値はすべての変数で最小値となっていることが特徴のグループです。グループ1は，身長と体重について平均値や中央値が大きいです。一方，グループ3は，胸囲，腹囲，上腕囲，大腿囲について平均値や中央値が大きくなっています。

表6　非階層的クラスター分析でクラスター数4での基本統計量[15]

グループ1	Z.身長	Z.体重	Z.胸囲	Z.腹囲	Z.上腕囲	Z.大腿囲
平均	1.56	1.12	0.32	0.52	−0.02	0.01
中央値	1.68	1.01	0.09	0.53	0.07	−0.23
標準偏差	0.54	0.70	0.64	0.37	0.54	0.72
最小	0.86	0.40	−0.36	−0.05	−0.81	−0.71
最大	2.42	2.41	1.49	1.11	0.68	1.57

12) Rコマンダーでは，［次元解析］→［クラスター分析］→［k平均クラスター分析］を選択する。その後，オプションタブで，計算させたいクラスターの数を指定する。

13) Excelでは，［データ］→［並び替えとフィルター］を選択する。

14) 今回の場合，制約条件に「同人数で4グループに分ける」とあった。そこで，3.3節での検討もふまえて，ある程度の範囲で計算をすることとした。

15) 基本統計量の求め方はP.12参照
データは標準化されたものである。

114

グループ2	Z.身長	Z.体重	Z.胸囲	Z.腹囲	Z.上腕囲	Z.大腿囲
平均	−0.17	−0.35	−0.16	−0.71	−0.20	−0.03
中央値	−0.16	−0.25	−0.09	−0.53	−0.03	−0.07
標準偏差	0.62	0.42	0.46	0.68	1.00	0.62
最小	−1.27	−1.10	−1.05	−2.28	−2.49	−1.55
最大	0.89	0.42	0.53	0.22	1.65	1.25

グループ3	Z.身長	Z.体重	Z.胸囲	Z.腹囲	Z.上腕囲	Z.大腿囲
平均	−0.14	0.53	0.75	0.99	0.67	0.75
中央値	−0.14	0.61	0.49	1.02	0.68	0.65
標準偏差	0.67	0.62	0.85	0.64	0.80	0.70
最小	−1.24	−0.58	−0.16	0.03	−0.42	−0.47
最大	1.61	1.76	2.59	2.47	2.04	2.13

グループ4	Z.身長	Z.体重	Z.胸囲	Z.腹囲	Z.上腕囲	Z.大腿囲
平均	−1.42	−1.82	−1.96	−0.62	−1.03	−1.99
中央値	−1.69	−2.06	−1.98	−0.58	−0.94	−2.03
標準偏差	0.47	−0.68	0.72	0.88	1.04	0.61
最小	−1.78	−2.54	−3.01	−1.67	−2.10	−2.71
最大	−0.66	−0.78	−0.98	0.53	0.23	−1.11

⑵ 合理的判断過程

　非階層的クラスター分析を使うこと自体は問題無いでしょう。しかし，クラスター数を4と指定しても，各クラスターの人数が均等になるように分類してくれるわけではありません。

　よって，非階層クラスター分析の時と同様，結果から12人ずつ4チームを構成する方法は，別途考える必要があります[16]。

　クラスター分析を用いる際は，絶対的な答えを出すことをできるものではないことを確認したうえで，段階的にクラスターを形成する階層的クラスターと，指定された数のクラスターを形成する非階層的クラスター分析を使い分けたり，あるいは両方の手法を用いたりすることが可能です。これらを通して，グループ分けをするという問題解決をよりよく行うこととします。

3.4 分析結果から結論・解釈を導き出そう（最適解導出過程）

　階層的クラスター分析と非階層的クラスター分析を比較したものを表8に示します。予めグループの数を設定しなければならない非階層的クラスター分析と，大量のデータでは分析処理作業が多くあるため，困難

16) 実際に想定される分け方としては，k＝8で得られた各クラスターについてそれぞれの特徴を明らかにし，その特徴を考慮しながら，4つのグループに分けていくなどが考えられる。これは階層的クラスター分析でも，この非階層的クラスター分析でも同様の作業が必要である。

さを伴う階層的クラスター分析は，それぞれの目的に合わせて使い分ける必要があることもあります。

また，分析結果からそれぞれのクラスターの特徴を踏まえた上で，どういったグループ分けをしていくかの方針を得ることも重要です。それぞれのクラスターから4つにバランスよくメンバーを振り分け，特別に目立ったグループを作らないということも可能ですし，複数の競技が実施されるなら，どの競技にはどういった体型の人が有利かを考慮しながら分析結果を利用する方向も考えられます。

表7　階層的クラスター分析と非階層的クラスター分析の比較

	階層的クラスター分析	非階層的クラスター分析
特徴	客観的な基準を設けず始められるため，分類することに対するハードルが低い	決めた数に分類することが可能となる
良い点	まずは分析を行ったのちに，その結果について考察することができる	扱うデータの数が多い場合に処理結果を手早く入手できる
欠点	扱う数が多くなるとデンドログラムを用いても図を読み切れなくなる。その結果，クラスターの数の決定には役に立たない	先にクラスターの数を指定しなければならないため，その数に対しては探索的に用いるしかない

また，今回の分析では，与えられた変数を全て使いましたが，競技によっては考慮する必要が無い変数もあるかもしれません。

４．最後に

　ここまでの一連の流れから，「【分類作業】を【客観的】に行ったとしても，【特徴付け】を【直観的】に行ったでは一貫性がない」ことが重要であることを示しました。

　問題解決をよりよく行うために，第４章から第６章までは複数の変数から成るデータについて，変数間の関連に着目して分析してきました。これらは多変量解析と呼ばれています。

　この多変量解析の手法は，様々な分野で用いられています。その一例が，市場調査やマーケティングといった分野です。街中に出ている商品やサービスを何らかの形で，ニーズ，評判，世の中の動向といったデータを踏まえて分析するためのものです。社会でヒットするための商品を送り出すために市場調査は欠かせないものだとも言えます[1]。

　その市場調査は大きく分けて，大量のデータを収集して数値化した後そこから傾向を得ようとする定量調査と，数値化するには困難さを伴ったものとしてインタビューなどの発言録や行動を観察した結果を整理する定性調査があります。重回帰分析を用いることで，市場の予測や選択行動を決定する要素などを探ることを探索します。主成分分析や因子分析では，商品や企業のイメージを分析することや，ある商品の特徴を明らかにしたいときなどにも用いられています。クラスター分析では，あらかじめ性別や年代といったデータからのアプローチだけでなく，購買データなどから，消費者（顧客）や商品をクラスター分けしていくことで，次の戦略に活かしていくことが可能となります。

　近年，ますます通信ネットワークが進化し，大量のデータを扱うことや処理することへの運用能力が上がっています。クラスター分析は「グループ化できる」手法です。巨大で複雑なため，どう読めばよいのか途方に暮れることになるかもしれないビッグデータでも，解析して複数のクラスターにグループ分けすることで特性を明らかにすることが可能になると言われています[2]。クラスターごとの特性を分析し，それぞれのクラスターに合った情報を提示することで，予め想定できないデータを見極めることは，問題解決をするためにも強力な手段になるでしょう。

　ここでの学びを通して，「グループ分けをする」ために，クラスター分析を使えばいいことについて，どんな応用があるかを考えてみましょう。今後どんなデータについてクラスター分析が利用可能か，そして，クラスター分析を用いることは，どんな問題解決のための一助となるかについても考えてみましょう。

[1] 市場調査とは，これまでの傾向を把握するため，マーケティングは今後の動向を探るために実施されるものと，使い分けられている。

[2] 最近流行のAIも，画像認識や人の好みを分析するために統計手法を使っているが，その中でクラスター分析に似た考え方が活用されている。

第7章

統計分析手法って，どれか1つに
絞り込んで使うものなの？

第1章から第6章までに様々な分析手法を学習してきました
が，大事なことはそれらを問題解決の手段として自由自在に使
えるようになることです。
どんな手順で何を考えたらよかったでしょうか。
［総合演習］

1. 総合演習の課題

1.1 課題の内容とデータの説明

第6章までは章ごとに特定の統計手法を学んできましたが，実際の問題解決では同じ疑問（仮説）から複数の分析手法を発想し，手法の組み合わせや使い分けを考えることによってより良い問題解決を目指します。本章では，本格的な分析開始の前段階に目標設定過程と代替案発想過程で何をどう考えたらよいか例に沿って学びます。

大学の授業で次のような課題が出されました。

> 「地下通路の景観の良さはどんな要素で決まるか」をグループで調査し，得られたデータを分析して考察しなさい。

ハナコさんのグループは，大学生83名から表1のようなデータ[1] を集めました。これは，地下鉄の通路の写真を10枚撮影し（図1)[2]，「暗い－明るい」，「うるさい－静かな」といった反対の意味をもつ形容詞対15個を用いたSD法[3] による評定尺度（表2)[4] と「景観が悪い－景観が良い」という総合評価で各写真の印象を評価してもらったものです。各行に，回答者のIDと，写真10枚分（x1 ～ x10）の15個の評定尺度への回答（_1 ～ _15）および総合評価への回答（_16）が入力されています[5]。

図1　調査に用いた地下通路の写真の例

1) 表1のデータはWebサイトでダウンロードできる。「地下通路の景観の良さとはどんな要素できまるか」という問いに対するアプローチは無数に考えられるが，表1のデータを使用するということが今回の制約条件の1つになる。

2) 調査に使用した写真と調査票の見本はWebサイトで大きな写真をカラーで閲覧できる。

3) SD法（Semantic Differential法）の詳しい説明は巻末注1を参照。

4) 通常は項目とよぶがSD法では尺度とよばれる（村上，2008）。本章ではSD法で使用する形容詞対を尺度と記載している。

5) 例えばx5_12と書かれた列には，写真5に対する12番目の形容詞対（複雑－分かりやすい）の評価結果が入力されている。

表1　景観データ（一部）[6]

ID	x1_1	x1_2	x1_3	…	x1_16		x10_1	…	x10_16
1	4	2	2	…	3	…	3	…	3
2	4	4	3	…	4	…	4	…	3
3	1	3	2	…	5	…	1	…	1
4	4	2	1	…	3	…	4	…	3
5	4	4	4	…	4	…	3	…	3
〜									
83	4	4	3	…	4	…	2	…	3

表2　調査に用いた形容詞対（SD法）

1	親しみにくい－親しみやすい	9	暗い－明るい
2	落ち着かない－落ち着く	10	嫌い－好き
3	人工的な－自然的な	11	閉鎖的－開放的
4	硬い－柔らかい	12	複雑－分かりやすい
5	うるさい－静かな	13	狭い－広い
6	汚い－清潔な	14	みにくい－美しい
7	きびしい－にぎやかな	15	不快－快適
8	不安－安心		

注：形容詞対が「暗い－明るい」の場合「1. かなり暗い，2. やや暗い，3. どちらでもない，
　　4. やや明るい，5. かなり明るい」で回答。

1.2 いきなり分析スタート…でよかったかな？

「どんな要素」で「景観の良さ」が決まるかは因果関係[7]だから回帰分析かな。原因が「どんな要素」で，結果が「景観の良さ」かな…。あれ？　そもそもデータのどれが要素の変数で，どれが景観の良さの変数？　回帰分析じゃなかったかな？[8]

ハナコさん

　ここまで沢山の分析手法を学習してきましたが，大事なことはそれらを問題解決の手段として自由自在に使えるようになることです。データを見たら最初にやることは何でしたか。いきなり「分析方法を考えること＝代替案発想過程」から始めるのは，失敗の元ですよ。問題解決の手順のスタートは目標設定過程で「目標」を考えることでしたね[9]。

6）3相データ（人×写真×尺度）を（人×写真・尺度）という形で2相に並べなおして入力している点に注意。→ P.127【SD法により取得されたデータの注意点】参照

7）因果関係の3つの条件について：第2章 P.36「1.4 相関係数と因果関係の違い」を参照

8）統計的データ分析で最も多い誤りが，いきなり分析手法を考えて，闇雲に分析を開始してしまうパターンである。つまり，代替案発想過程から開始してしまう誤りである。

9）問題解決の手順：第1章 P.21「3.1 問題解決の縦糸の過程」

2. 問題解決の手順に沿って考える

2.1 問題解決の方向性を考える（目標設定過程）

目標設定過程[1] では，複雑な統計分析に進む前にまず基本統計量やグラフによってデータに偏りや誤りがないかを確認して，そのあとにデータ分析の方針を立てます[2]。全ての変数の**基本統計量**[3] や度数分布表[3]を求めることで，異常値の発見や分布の様子の確認ができます[4]。この段階で，使用する変数の**尺度水準**も確認しておきましょう[5]。SD法のデータは5件法になっており今回は**間隔尺度**とみなして[6]分析します。

次に，**表現の変換**[7] をして統計分析で検証可能な仮説や問いを設定します。つまり「地下通路の景観の良さはどんな要素で決まるか」という問いを統計的な仮説に変換していきます。表1のデータを使用するという制約条件の下で[8]，考え得る表現の変換をしてみましょう[9]。「どんな要素で決まるのか」において何を要素としてとらえるかによって，例えば以下のような2つの変換が考えられます。

1つ目は，景観の良さを決める要素は写真（＝通路）の特徴であると考え，景観の良さをSD法による評価と言い換えると，「写真（通路）によってSD法による評価はどのように異なるのかを明らかにする」という目標（目標1）を設定できそうです。2つ目は，総合評価の「景観が悪い－景観が良い」という項目に注目して，SD法の1～15の尺度をこの総合評価を決める要素としてとらえる考え方です。つまり，景観の良さという総合的な評価はどのような評価観点から構成されるのかという言い換えです。この場合，「総合評価（景観が悪い－景観が良い）はSD法のどの尺度からどのぐらい影響を受けているかを明らかにする」という目標（目標2）を設定できそうです。

> 目標1：写真（通路）によってSD法による評価はどのように異なるのかを明らかにする。
> 目標2：総合評価（景観が悪い－景観が良い）はSD法のどの尺度からどのぐらい影響を受けているかを明らかにする。

ここにあげた表現の変換は一例であり，他の表現の変換や目標設定の仕方があるかもしれません。大事なことは，問題解決では必ずしも唯一の正解と言えるものがあるわけではないということです。何を明らかにすることを目的とするのか，何に着目し，何を優先するのかなどによって異なる分析方法が選択される可能性があるのです。

1) 問題解決の縦糸・横糸モデルの目標設定過程 第1章 P.21

2) 目標設定過程で最初に行うこと 第1章 P.17「2. 基礎知識を活用してみよう」を参照

3) 基本統計量 第1章 P.12 度数分布表 第1章 P.12

4) データクリーニング，第1章 P.17

5) 変数の尺度水準 第2章 P.32「1.2 尺度水準と量的・質的変数」

6) 5件法のようなリッカート法の心理尺度は間隔尺度とみなして分析することが多い。しかし，分布が著しく歪んでいるような場合には順序尺度とみなして分析した方が安全である（森，2008）。

7) 表現の変換 第1章 P.25

8) 目標設定過程の「情報収集」で使用するデータの条件と，課題の内容を確認する。

9) 目標設定過程の「処理」の段階。

3. 目標1について考えてみよう

3.1 どんな方法で分析する？（目標1の代替案発想過程）

　「写真（通路）によって，SD法による評価はどのように異なるのかを明らかにする」ことを目標にした場合，どのような方法が考えられるでしょうか。全ての変数の基本統計量や度数分布表を確認し，データの分布に著しい偏りがないこと，異常値などがないことを確認したら，目標1のための代替案を発想します[1]。「どのように異なるか」は「回答の分布がどのように異なるか」と言い換えることができるので，表1のすべての変数の平均と**標準偏差**[2]を確認するというのはどうでしょうか。図2は回答者全員の評価対象（写真）ごとの平均値を示したプロフィール[3]の一例です。プロフィールを作成することによって似た傾向をしめす写真をグループ化して考察することはできそうです。

1) 問題解決の縦糸・横糸モデルの代替案発想過程　第1章 P.21

2) 平均は分布の位置の特徴を表す代表値，標準偏差は分布の散らばり具合の特徴を表す散布度の1つ。第1章 P.14「1.3 代表値」「1.4 散布度」

3) プロフィール曲線，セマンティックプロフィールなどとも言う。SD法におけるプロフィールの作成の詳しい説明は巻末注2参照

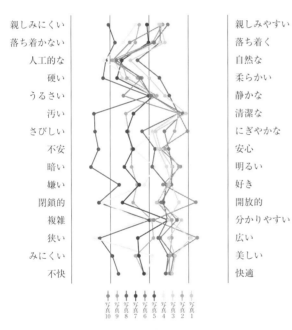

図2　SD法の結果を表したプロフィール

3.2 この分析方法で大丈夫？（目標1の合理的判断過程）

　代替案を発想したら合理的判断過程[4]に進みます。ここでは，**合理的判断過程のフロー図**[5]を思い出しましょう。まず「適用条件を満たしているか」をチェックします。SD法で使用した15個の形容詞対は間隔尺度とみなすことにしたので平均値と標準偏差を求めることは問題ないと判断します[6]。また，事前に分布を確認しており外れ値や山が2

4) 問題解決の縦糸・横糸モデルの合理的判断過程　第1章 P.21

5) 合理的判断のフロー図　第2章 P.44

6) 平均値や分散（標準偏差）を求めることができるのは間隔尺度以上の水準。名義尺度や順序尺度は四則演算ができないため，平均値や分散（標準偏差）をもとめることができないことに注意。第2章 P.32「1.2 尺度水準と量的・質的変数」

つあるといったこともなかったため適用条件は満たしています[7]。

次に「分析目的を達成できるか」をチェックします。分析の目的は写真（通路）によってSD法の評価がどのように異なるかを明らかにすることでした。平均と標準偏差によって，写真ごとの評価の違いを見ることができるため，一応達成できているとみなします。

次に「当該手法の問題点を考慮したか」をチェックします。10枚の写真×15個の尺度の平均と標準偏差を全て算出することによって，写真1枚1枚の尺度ごとの評価の違いを詳細に見ることができるというメリットの一方で，情報が多すぎて解釈が難しいというデメリットがあります。また，図2のプロフィールを見て似た傾向の写真をグループ化するとしても，どこでどう分けたらいいのか悩ましいという問題もあります。

そこで，地下通路の景観の良さを評価する観点は大きくどのように分かれるのか，また，10枚の写真を似た傾向や特徴でグループ分けすることができないかを考えます。つまり，15個の尺度に影響を与えている潜在的な共通因子を想定したり，似た特徴を持つ写真をグループ化したりできるような代替案を発想してみます。

3.3 もっとよい方法はない？（再び目標1の代替案発想過程）

潜在的な共通因子を想定する，似たものをグループ化するというときは何分析をしたらよかったかな。6章までにたくさんの分析方法を勉強したけど，何を選んだらよいのだろう？

ハナコさん

「こういうときは何分析だったかな…」と思ったときは，**知識の5W1H**のフレームを復習しましょう。手法の概要はWhat，適用条件や使い分けはWhereの項目を見ればよかったですね[8]。**因子分析**[9]のWhereには「潜在的な共通因子を想定して分析する」，**クラスター分析**[10]のWhatには「類似度が大きい（距離が小さい）ものをグループにまとめていく」とあります。

SD法で用いた15個の尺度に潜在的な共通因子を想定する場合は因子分析を適用します。写真をグループ化したい場合はクラスター分析を適応することができます。

7) 代表値や散布度はデータの分布をよく見て適切なものを選択する必要がある。外れ値があり，その外れ値を除外したくない場合は代表値として中央値や最頻値を用いた方がよい。第1章 P.12「1. 基本統計量と仮説検定（統計の基礎知識）」

8) 知識の5W1H＋αの枠組み　第1章 P.26 表3

9) 主成分分析と因子分析の知識の5W1Hのフレーム　第5章 P.89 表1

10) クラスター分析の知識の5W1Hのフレーム　第6章 P.109 表4

ここで，「写真（通路）によって SD 法の評価がどのように異なるかを明らかにする」ために，最初に発想した平均と標準偏差を求める方法と，因子分析，クラスター分析を組み合わせて[11]，写真のクラスターごとに尺度の因子分析結果から因子得点もしくは下位尺度得点[12]の平均，標準偏差を算出してみるという方法が発想できます。これによって，クラスター間の特徴の違いを定量的に評価することができそうです。

3.4 代替案の優先順位を考える

　作業に使用できる時間は有限です。1つの代替案を実行してうまく行かなかったとき，そこで別の案を考えていたのでは作業計画の時間内に終わらなくなる可能性があります。そこで，分析に入る前の段階で多様な代替案を発想しておき，それぞれの案のメリットとデメリットを考慮しながら，その優先順位やうまく行かなかった時の次善の案を考え抜いておくことが重要です。

　例えば目標1の代替案では，SD 法に用いた尺度がある程度解釈可能な因子に分かれ，写真（通路）もある程度解釈可能なグループに分かれたなら，解釈が容易というメリットを考えて，クラスターごとに因子得点を比較することにします。仮に因子分析はうまく行ったけど，クラスター分析はうまく行かない場合は，写真ごとに因子得点もしくは尺度得点を比較する，因子分析がうまく行かずにクラスター分析だけうまく行った場合はクラスターごとに尺度ごとの得点を比較する，両方うまく行かない場合は，写真ごと尺度ごとの平均と標準偏差を比較するという案を採用することにします。

11) 代替案発想過程では，複数の手法を組み合わせて使用する案も発想できることが重要である。6 章までは手法ごとに章がわかれていたが，実際のデータ分析では組み合わせることで目的をよりよく達成できることが多い。

12) 因子得点と下位尺度得点　第 5 章 P.103

４．目標２について考えてみよう

4.1 どんな方法で分析する？（目標２の代替案発想過程）

　「総合評価（景観が悪い−景観が良い）はSD法のどの尺度からどのぐらい影響を受けているかを明らかにする」こと（目標2）を目標にした場合，どのような方法が考えられるでしょうか[1]。総合評価の「景観が悪い−景観が良い」は5件法で量的データ，SD法の各尺度（15項目）も5件法で量的データなので，**相関係数**[2]を確認するのはどうでしょう。

4.2 この方法で大丈夫？（目標２の合理的判断過程）

　合理的判断過程[3]では，まず「適用条件を満たしているか」をチェックします。SD法で用いた形容詞対（5件法）は**間隔尺度**とみなしたので相関係数を求めることは問題ないと判断します[4]。また，事前に分布を確認しており外れ値や山が2つあるといったこともなかったため適用条件は満たしています。

　次に「分析目的を達成できるか」をチェックします。分析の目的は総合評価（景観が悪い−景観が良い）はSD法のどの尺度からどのぐらい影響を受けているかを明らかにすることでした。相関係数を求めることで15個の評価尺度と総合評価の関係を知ることができますが，ある1つの評価尺度と総合評価との相関係数には他の評価項目が第3の変数として影響する効果も含まれており，相関係数を算出するだけではその効果を分離することができません。この問題は単回帰分析を行ったとしても解決しません。

4.3 もっとよい方法はない？（再び目標２の代替案発想過程）

　「回帰分析」に関する知識の5W1HのフレームのWhereの項目を復習しましょう[5]。他の評価項目の値を一定にした場合のある評価項目の直接的な（純粋な）効果を知りたい場合には，重回帰分析を行うのがよさそうです。

　ここで注意が必要な点があります。5W1HのHowの項目を見ると「説明変数間の関係の確認」とあります。SD法の15個の評価尺度を説明変数，総合評価を目的変数として重回帰分析をすると，相互に相関の高いことが予測される多くの説明変数で総合評価を説明することになり，偏回帰係数を解釈する際の「当該予測変数以外の予測変数の値を一定にした」という条件が無意味になる可能性が高いです[6]。解釈を目的とする場合は説明変数の数を2つまでに止めることが望ましいと言われてい

1) 問題解決の縦糸・横糸モデルの代替案発想過程　第1章 P.21

2) 相関係数 第2章　P.34

3) 問題解決の縦糸・横糸モデルの合理的判断過程　第1章 P.21

4) 第2章 P.33「1.3 2変数の関係の分析〜相関係数の注意点」

5)「回帰分析」に関する知識の5W1Hのフレーム 第4章 P.73 表2
Whereには「他の変数の値が同じだった場合，その説明変数が目的変数をどの程度予測するのか知りたいときには重回帰分析を用いる」とある。

6) 偏回帰係数の解釈については豊田（1998）に詳しく説明されている。詳細は巻末注3を参照。

ます[6]。

　では，どうやって説明変数の数を減らしたらよいでしょうか。興味のある項目を2つ選ぶという方法も考えられますが，ここではなるべく多くの項目の情報を生かすことを考えて15項目を主成分分析[7]して次元縮小することを考えてみます。主成分分析の結果，2つの主成分にまとめることが適当と判断されたならば主成分得点を説明変数，総合評価を目的変数として重回帰分析をして偏回帰係数を解釈することが可能になります[8]。

4.4 代替案の優先順位を考える

　重回帰分析には説明変数間の説明力を比較したり，目的変数を予測したりできる[9]というメリットがあるので，主成分分析がうまく行ったら主成分得点を説明変数にして重回帰分析を行うこととします。主成分が3つ以上になってしまう場合や**多重共線**[10]が生じる場合は主成分得点と総合評価の相関を求めることにします。主成分分析がうまく行かない場合はSD法で用いた15個の尺度と総合評価の相関係数を求める案を採用することにします。

【SD法により取得されたデータの注意点】6章までに紹介したデータは行に人，列に変数が入った2次元のデータでした。私たちが扱うデータの多くがこのように人（行）×変数（列）のデータであり2相データと呼ばれています。一方で，SD法のデータは，人×写真（刺激）×尺度（評価項目）の3次元になっており，このようなデータを3相データと呼びます。SD法を用いた3相データは多くの場合，便宜的に2相データに変換して因子分析やクラスター分析を行います。2相にする方法として代表的なものは，個人に関して平均することで写真10枚（行）×尺度15項目（列）の行列とする方法[11]や，各個人の写真10枚（行）×尺度15項目（列）を行方向に結合して，830行のデータ（83人×10枚）×尺度15項目（列）として扱う方法[12]があります。前者のように写真10枚（行）×尺度15項目（列）の2相データにすれば，人（サンプル）を分類するために使用していたクラスター分析をそのまま写真の分類に適用できます。因子分析[13]を行うときは後者のようにデータを2相に変換してから分析を適用するのが一般的です[14]。

7) 主成分分析と因子分析の知識の5W1Hのフレーム第5章P.89表1
主成分分析のWhereには「多くの項目から全体を少ない合成変数で説明する」とある。

8) 測定方程式と構造方程式を統合した構造方程式モデリング（Structural Equation Model with latent variable：SEM）を用いる方法もある。詳細は巻末注4を参照。

9)「回帰分析」に関する知識の5W1Hのフレーム　第4章P.73表2のWhyを参照。

10) 多重共線 第4章P.72
多重共線が生じているかどうかの判断について，詳細は巻末注5を参照。

11) 消去法（菅，1983）や平均値型（小島，2000）とよばれる。

12) 結合法（菅，1983）や一般型（小島，2000）とよばれる。

13) 3相データの因子分析。分析について詳しくは巻末注6を参照。

14) 3相データをそのまま扱うことのできる分析手法もある。詳しくは巻末注7を参照。

5. ふりかえり過程

　目標1では景観の良さを決める要素は写真（＝通路）の特徴であると考えています。それならば写真の中のどのような特徴（地下通路を構成する要素）が回答者の評価に影響を与えたのかを検討するということを目標設定過程で考えるべきでした。写真のデータから写真編集ソフトを用いることによって，表3のような写真内の構成要素の物理量についてのデータを得ることが可能です[1]。表3のデータを用いれば，これらの構成要素がSD法による評価にどのように影響を与えるのかを明らかにするという新しい目標を設定できます。

　具体的には「写真1〜10に対するSD法による評価の結果に対して，天井高，通路の幅，色，広告の量といった地下景観を構成する要素の物理量がどのように影響を与えるのかを明らかにする」と**表現の変換**をして目標設定することができそうです（目標3）。あとは目標1，2の代替案発想過程，合理的判断過程と同様に考えることができそうですね。

1）写真内の物理量は写真編集用ソフト Photoshop を用いて，撮影したデジタル写真から算出している。詳しくは巻末注8を参照。

> 課題：目標3の代替案発想過程と合理的判断過程を考えてみよう。

2）表3のデータは Web サイトでダウンロードできる。

表3　写真内の構成要素の物理量[2]

	天井高 注1)	通路の幅 注1)	Red	Green	Blue	広告の量 注3)
	cm	cm	照度の平均 (0–255)	照度の平均 (0–255)	照度の平均 (0–255)	ピクセル
写真 1	222	371	120	104	99	7,329
写真 2	245	596	138	134	122	8,602
写真 3	331	613 [注2]	119	115	115	8,878
写真 4	270	172	110	106	101	0
写真 5	247	295	97	90	81	9,445
写真 6	274	363	92	91	87	23,815
写真 7	293	489	140	137	101	9,558
写真 8	218	304	128	115	98	0
写真 9	274	457	123	115	95	33,953
写真 10	221	613 [注2]	108	110	105	23,131

注1：写真撮影時に置いた基準（棒）の長さから計算している
注2：通路の幅が写真の横幅より広い場合は，写真の横幅（613）を通路の幅としている
注3：画像全体は 237,586 ピクセル

　まずは，変数の**尺度水準**を確認します。SD法で使用した尺度（5件法の形容詞対）は間隔尺度とみなしました。構成要素の物理量は比率尺度なので両変数とも間隔尺度以上の**量的変数**と判断することとします。量的変数同士の関係を見るための方法にはどのような方法があったで

しょうか。**散布図**[3] を作成する，**相関係数**[4] を算出する，**回帰分析**[5] を行うなどの方法がありました（代替案発想過程）。

　次に，どの手法を用いるのがよいかを判断する合理的判断過程に進みます。一般的に，回帰分析は回帰係数の値を検定して有意になるかどうかを調べ，母集団一般についての傾向を検討するための推測統計の手法として用いられます。一方で，散布図や相関係数は2つの量的変数の間にどのような関係があるかを図示したり，数値要約したりするための記述統計の手法として用いられます[6]。今回のデータは写真の数（サンプル数）が10と少ないため統計的仮説検定のための適用条件を十分に満たしていないと判断して，散布図と相関係数を用いるのが適当であると判断します[7]。

3) 散布図　第2章 P.32

4) 相関係数　第2章 P.34

5) 回帰分析　第4章 P.70

表4　SD法による尺度の因子分析結果（最尤法，プロマックス回転）

	因子1	因子2
F1　明るさ・開放感　α＝.88		
9.　暗い／明るい	.93	−.08
7.　さびしい／にぎやかな	.92	−.28
11.　閉鎖的／開放的	.66	.10
8.　不安／安心	.60	.30
13.　狭い／広い	.58	.11
6.　汚い／清潔な	.58	.18
F2　落ち着き・親しみ　α＝.76		
2.　落ち着かない／落ち着く	−.18	.92
1.　親しみにくい／親しみやすい	.16	.63
15.　不快／快適	.31	.57
3.　人工的な／自然的な	−.09	.47
12.　複雑／分かりやすい	.04	.44
累積因子寄与率（%）		52.40
因子間相関　　因子1		
因子2	.67	

6) 相関係数の検定：第2章 P.32　第2章で学んだように，相関係数は検定して推測統計の手法として用いることも可能であるが，有意かどうか（相関係数が0であるかどうか）よりも，研究の背景を考慮したうえで，その値に意味があるかどうかを議論することが重要なことが多い。

7) 写真のサンプルを増やすことも1つの方法だが，写真ごとに15個の尺度に回答してもらうことを考えると，これ以上写真を増やすことは回答者の負担が懸念される。詳しくは巻末注9を参照。

表5　景観を構成する要素の物理量と景観評価の相関[8]

	明るさ・開放感	落ち着き・親しみ
天井高	−.01	.02
通路の幅	**.39**	**.25**
Red	−.03	**.22**
Green	−.01	.12
Blue	**.25**	.15
広告の量	**.46**	**.24**

相関係数の絶対値が.20以上の個所を太字にしている

8) 第2章で学んだとおり，相関係数の強さの判断の目安は分野や扱うデータによって異なる。今回は相関係数の絶対値が.20より大きい場合にある程度関係があると判断して解釈している。

表4はSD法で使用した15項目の尺度を因子分析した結果[9]，表5は因子ごとの下位尺度得点と物理量の相関係数を示したものです。表5より，今回調査に使用した10枚の写真に限定していえば[10]，天井高は景観評価に影響を与えておらず，通路の幅や広告の量が開放感や親しみに影響を与えているようです。赤系の色味は親しみや落ち着きに，青系の色味は開放感に影響を与える傾向も読み取ることができます。

6. まとめ

第7章では，第6章までに学んだ複数の統計手法を問題解決の手段として参照しながら実践的にデータ分析をする方法を学びました。いざ使う場面になるとそれぞれの手法の5W1Hのフレーム内容知識についての理解が不十分であったり，抜けがあったりすることに気づいた方もいると思います。ぜひ前の章を何度も見返して使いながらその都度復習をしてみてください。

引用文献

小島隆矢（2000）3相3元データに対する因子分析の適用法―個人差へのアプローチ　大澤　光(編)印象の工学とはなにか（pp.182-192）　丸善プラネット

森　敏昭（2008）尺度の水準 繁桝算男・柳井晴夫・森敏昭（編著）Q&Aで知る統計データ解析：DOs and DON'Ts 第2版（pp.3-4）　サイエンス社

村上　隆（2008）3相データの因子分析 繁桝算男・柳井晴夫・森敏昭（編著）Q&Aで知る統計データ解析：DOs and DON'Ts 第2版（pp.147-149）　サイエンス社

菅　千索（1983）PARAFAC と ALSCAL による SD法データの新しい分析法―意味空間における個人差の解析に向けて　京都大学教育学部紀要，145-157.

豊田秀樹（1998）共分散構造分析〈入門編〉　構造方程式モデリング 朝倉書店

[9] SD法で使用した尺度（形容詞対）15項目を因子分析した結果，負荷量の低かった4項目を削除している。SD法の次元数についての詳細は巻末注10を参照。

[10] 記述統計の結果からの解釈なのでこのような限定付きの表現になる。

「統計」との新たな出会い ～学生とともに学ぶ側になって～

　私のコンピュータとの関わりは，大学卒業後にソフトウェア会社でプログラミングやシステム設計の基礎を学んだことに始まります。大型コンピュータの時代で，ユーザ企業等の電子計算機センターでの業務が多く，プログラムを走らせるシステムテストの際には夜遅くまでデバッグを繰り返しました。プログラムの構造であるフローチャートを考える時には，Tree 構造の概念に沿ってプログラムしていました。ある条件を満たすまで同様の処理を繰り返すことを一括りの処理と考え，処理の括りが樹木の構造になるプログラムです。この時の構造化の概念は，現在，エクセルのマクロを使ったプログラムの処理の流れを考える際にも通用する論理的なものでした。コンピュータの概念，データや OS（今は Windows OS や Android OS が主流ですね）等に関わることを徹底的に教育されたことは，今でも基礎となって活きています。

　ソフトウェア会社での経験を踏まえて，1990 年から，地方私立大学で情報リテラシー科目や情報倫理等を担当することになりました。当初は，シーモア・パパートによるプログラミング言語 LOGO を扱った演習等があり，学生が嬉々として取り組んでいた姿を懐かしく思い出します。

　一方，こうして情報リテラシー科目を担当してきた過程で，「統計」という概念を改めて意識するようになりました。情報リテラシー科目のシラバスを設計する際に，単なる操作の理解だけではなく，学生が問題解決力を備えた「統計的な見方・考え方」を身につけられるように授業実践することが大事なのではないか，と考えるようになったのです。見方や考え方が備わることで，学生が情報リテラシーの知識を理解することに意義を見出し，学習を継続する意欲を図ることやその後の効果的な活用が期待できと考えてきました。

　例えば，表計算ソフトにおいては解を求める式が予め提示されて，その式の意味を理解せずに活用していくことは本来の学びではないと考えています。表計算ソフトの操作ができることは大切ですが，そのソフトウェアを活用することで何ができるようになるかを理解することが肝要と考えているからです。

　日常の生活を想像してみると，何かしら問題を解決するにはどのような情報を集めると良いのか，その情報をどのように分析すると良いのか，その分析のためにはどのような方法があるのか，ソフトウェアを活用すると良いのかといったことを考えた上で，例えば表計算ソフトの活用に思い至ります。分析という点においては，統計的な見方や考え方を通して，求める解を導き出して，問題の解決へ思考を進めていくこと

が本来であると考えます。このような問題解決のためには統計的な見方や考え方，思考の判断工程を少なからず身に付けておく必要があるでしょう。データの処理や扱いには，数学的な見方や考え方，情報的な見方や考え方も関連してきます。

　所属先では，情報リテラシー科目は教育課程上基礎的な科目と位置付けているため，新入生を対象としており，私は主に教育系専攻の学生を担当しています。学生は高校卒業までに数学を通して統計を学んできています。けれども，統計への関心や理解度は一様ではありません。また学生の多くは，高校までの情報処理科目を通して，単に与えられた数式をもとに表計算ソフトを扱うことに慣れてきた印象を受けます。わからないことを考えるよりも，式や答えをすぐに知りたがる学生が少なからずいます。与えられた設問にあるデータや数値がどのような目的で集められたのか，過不足はないか，どのように分析すると解決されるのかといった点に着目した見方や考え方で思考することに慣れていない学生が多くみられます。

　けれども，実務や研究を想定した場合，全てがお膳立てされていることはほとんどなく，問題を解決するために必要な情報を集め，必要なデータを収集し，必要な分析に基づいた解によって，自らが問題を解決するのが一般的です。問題を解決する過程で，統計の知識が必要であると改めて気づくことになります。漠然と何となくでは解決できないことが多いといえます。例えば，ある時は，表計算ソフトという便利な手段を活用して分析することで，課題を解決するための糸口を見つけていくことができるでしょう。

　こういった問題解決力を備えた「統計的な見方・考え方」を学生には身に付けてほしい，その必要性を理解してほしいと願って，統計的な見方や考え方，数学的な見方や考え方に関わる事項を，情報リテラシー科目のシラバスの中にちりばめて，学生の到達度を測りながら授業の改善を試みています。結果，統計的な見方や考え方や問題解決に関する力は，情報リテラシー科目に限らず，全ての学び，日常の行動に少なからず好影響を及ぼしていると考えています。

　日常生活においては表やグラフ，その他関連する統計資料から判断をして，行動を決定していく場面が多々あります。現在，COVID-19に関する様々なデータが各所で蓄積されています。公開されていないデータも多いそうですが，全てのデータを出し尽くして分析することによって，さらなる対応策や知見が得られるでしょう。

　統計という概念は，様々な場面に有効かつ便利であるといえます。みなさんにも，直面する様々な問題をよりよい解決に導いていただきたいと願っています。

あ と が き

　本書では，データ分析を問題解決の一種と捉えています。

　データを活用して何か問題解決をしたい時に，効果的・効率的に解決をするためのコツとして「問題解決の縦糸・横糸モデル」を活用しながら，データ分析を学んできましたが，きちんと頭の中で整理できましたか？ 最後に少し確認してみましょう。

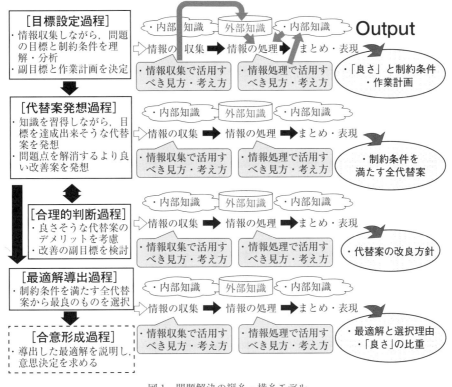

図1　問題解決の縦糸・横糸モデル

　時間的な制約などさまざまな条件の中で，より早く・より正確に問題解決をするために，本書では【問題解決の縦糸・横糸モデル】（図1）を紹介しています。

　自分が問題解決をする場合に，まず初めに何をやりたいのかという目標を明らかにして，方針と作業計画を立てます【目標設定過程】。そして，その目標を達成するためにどのような方法があるかということをできるだけたくさん発想します【代替案発想過程】。そして，発想したたくさんの方法についてさまざまな側面から批判的に実現可能性を検討します【合理的判断過程】。最終的に制約条件を満たすものでどの方

法が一番良いかを検討し，最良の方法を選択します【最適解導出過程】。個人の問題解決の場合はここまでで最良のものを実行しますが，複数での問題解決の場合はみんなで話し合って合意形成をします【合意形成過程】。

　それぞれの過程でアウトプットを出すときに，【情報の収集】【情報の処理】【情報のまとめ】の作業をします。自分が覚えている【内部知識】を活用しながら，情報を収集し【外部知識】を得て処理し，まとめる際に「問題解決のための見方・考え方」（表1）を活用して考えると上手くいくでしょう。全てを文章で覚えるのは大変なので短いキャッチコピーをつけました。

　「問題解決のための見方・考え方」には以下のような内容が示されています。問題解決するためには必ず情報を収集する必要があり，その問題に何が関係しているのか要素に分けて検討しなければなりません。問題解決には多様な良さがあり，全ての良さを満足することは難しいので，何を優先するかを検討することが求められます（トレードオフ）。できるだけたくさんの方法を発想し，良さに応じて方法を選択するとよいでしょう。同じ方法でも状況によっては必ず良い結果になるとは限らないことや，意思決定をする際には必ず責任が問われるということを考えなければなりません。

　本書では，1～3章で問題解決のコツとしての「問題解決の縦糸・横糸モデル」を学ぶとともにデータ分析の基礎となる分析手法を学びました。4～6章ではモデルを基に多変量解析の手法を活用して問題解決に取り組みました。7章では1～6章で学んだ内容を基に総合演習を行いました。あなたは，問題解決をするために上手くデータを活用することができるようになりましたか？

　データ分析は，ある時点で得られた断片的で誤差を含むデータから，さまざまな可能性を考えていくことが求められています。どう解釈するかは，人の判断に委ねられており，ある程度納得でき・説得力がある分析を，より早く，正確にやる必要があります。闇雲になんとなくやっているうちにできるようになるというものではありません。問題解決の流れを理解し，今，自分が問題解決のどの過程の活動をしているのかということを常に意識しながら取り組むことが重要です。

　今，世の中で求められている【データサイエンス】を使いこなす力を問題解決的に取り扱いました。本書で学んでくださっている皆さんが，データを活用してよりよく問題解決できるようになることを祈っています。頑張って学んでください。

玉田和恵

表1　問題解決のための見方・考え方

	キャッチコピー	問題解決のための見方・考え方
1	情報収集	① 問題解決のさまざまな場面で情報の活用を考える
2	システム思考	② システム的な観点で問題を捉える（問題となる対象を要素に分解し，さらにそれらの要素間の関係を考える）
3	多様な「良さ」	③ 多様な「良さ」があることに着目しながら，より良い問題解決を考える
4	トレードオフ	④ 「良さ」の間にトレードオフ関係があることを認識して判断する
5	収集の工夫と処理の工夫	⑤ 解決方法の工夫を情報の収集や処理方法の工夫という観点から考える
6	たくさん発想	⑥ 解決方法には常に多様な代替案が存在することを意識し，その代替案として常に情報技術の活用という方法があることを意識して発想する
7	「良さ」に応じた選択	⑦ どの「良さ」を重視するかを考え，「良さ」に応じた代替案を選択する
8	権利と責任	⑧ 意思決定（選択）の権利を行使する際に，決定がもたらす結果への責任や他者への影響を自覚して判断を行う
9	人を活かす	⑨ 情報技術を効果的に活用するために，人が行うべき工夫を考える
10	絶対は無い	⑩ 状況や判断する人によって，解決方法に求める「良さ」の観点が変わり，代替案の「良さ」の評価が変わることがあることを考慮する
11	ピンチはチャンス	⑪ これまで解決が困難と思われてきた状況や分野でこそ，情報技術の活用を考え，新たな解決方法を発想する
12	転ばぬ先の杖	⑫ 変化や予想外の事態が起こった時の対応方法を常に準備しておく
13	ツーといえばカー	⑬ より良い問題解決には，手順の明確化やルールの共有化が必要であり，それを行う方法や確認する方法を考える必要がある

巻末資料

1	e-Stat 政府統計の総合窓口 URL　https://www.e-stat.go.jp/ 政府統計のポータルサイトである。各府省等が実施している統計調査の各種情報を得ることができる。
2	経済産業省 経済解析室 URL　https://www.meti.go.jp/statistics/index.html 経済産業省が公開している統計データをまとめているサイトである。
3	情報通信統計データベース URL　https://www.soumu.go.jp/johotsusintokei/ 総務省の「情報通信統計データベース」のサイトである。情報通信に関する各種統計データを提供している。「分野別データ」では，情報通信に関するデータを分野別（通信，電波・無線，放送，情報通信産業・企業の情報化，個人・世帯の情報化）に掲載している。　「統計調査データ」では，総務省が統計法に基づき実施している一般統計調査（通信利用動向調査，情報通信業基本調査，通信・放送産業動態調査）を掲載している。
4	データカタログサイト URL　https://www.data.go.jp/list-of-database?lang=ja 内閣官房情報通信技術（IT）総合戦略室による企画・立案の下，総務省行政管理局が運用するオープンデータに係る情報ポータルサイトである。
5	慶應義塾　パネルデータ設計・解析センター URL　https://www.pdrc.keio.ac.jp/paneldata/datasets/ 全国を対象とした家計パネルデータと，上場企業の既存の財務諸表や新規開業企業に対する調査を駆使し，企業に関するパネルデータを構築している。
6	大阪商業大学 JGSS 研究センター URL　https://jgss.daishodai.ac.jp/data/dat_top.html 全国規模の総合的社会調査(Japanese General Social Surveys(JGSS))を2年に1回実施し，得られたデータを国内外のデータ・アーカイブに寄託して，世界中の研究者にデータ分析の機会を提供している。
7	東京大学　社会科学研究所　付属社会調査・データアーカイブ研究センター URL　https://csrda.iss.u-tokyo.ac.jp/infrastructure/ 統計調査，社会調査の個票データを収集・保管し，学術目的での二次的な利用のためにデータを提供している機関である。
8	ひらけ，みらい。生活総研 URL　https://seikatsusoken.jp/teiten/ 1992年から隔年で実施している生活者の意識調査をしている。同じ質問を繰り返し投げかけ，その回答の変化を定点観測している。
9	調査のチカラ URL　https://chosa.itmedia.co.jp/ 様々な調査データのリンクをまとめたサイトである。企業が調査したデータを得ることができる。
10	データ・スタート URL　https://www.stat.go.jp/dstart/ 総務省統計局統計データ利活用センターによるデータ分析をした事例集である。先進事例，特に，EBPM 活用塾編にあるキーワード集は簡略にまとめられているので参考になる。
11	お天気データサイエンス（日本気象株式会社） URL　https://ods.n-kishou.co.jp/ 日本気象株式会社によって，気象データが提供されている。有料のものもあるため，使い方には注意が必要となる。
12	統計データ分析コンペティション　SSDSE（独立行政法人 統計センター 統計技術・提供部 技術研究開発課） URL　https://www.nstac.go.jp/SSDSE/index.html データ分析のための汎用素材として作成・公開している統計データである。主要な公的統計を地域別に一覧できる表形式のデータセットで，これをダウンロードすることで直ちにデータ分析に利用できる。
13	政府 CIO ポータル URL　https://cio.go.jp/policy-opendata オープンデータに特化して紹介している。全国の都道府県及び各自治体毎の状況も把握できる。

巻末注

第 1 章

巻末注 1
基本統計量：統計分析については高校までに以下のことを学んだ。
代表値（平均値，中央値，最頻値）範囲，最大値，最小値，分散，標準偏差，度数分布表，ヒストグラム，四分位数，
四分位範囲，四分位偏差，箱ひげ図，相対度数，相関係数

巻末注 2
ヒストグラムは分布グラフをデジタル化したイメージに近く，棒と棒の間に間隔を空けない。例えば，テストの点が
0～10 未満の人が 1 人，10～20 未満の人が 3 人の時，この 2 つの階級を 1 つにまとめたとしたら，棒グラフなら高
さ 4 になり，元の 2 つの階級のどちらの棒よりも高くなる。しかし，ヒストグラムの場合は幅が 2 倍になるので，高
さは度数 2 に相当する大きさになる。

巻末注 3
平均値は理科で学んだ重心に相当し，その位置を支点にしてデータの山は左右が釣り合うという特徴を持つ。

巻末注 4
中央値は，人数が偶数の時は，真ん中の 2 人の点数を足して 2 で割る。

巻末注 5
最頻値は，分布の山の高さ（頻度）ではない点に注意。

巻末注 6
距離の 2 乗と差の 2 乗は同じになる。

巻末注 7
平均値との距離を 2 乗している分散の値では平均値や各データとの比較ができないので，分散の平方根を計算するこ
とで比較が可能になる。

巻末注 8
仮説検定の具体的な手順は以下の通り。
①分析者は有意水準と，帰無仮説／対立仮説を設定する。
②統計分析ツールで，検定統計量を計算する。
③検定統計量が従う分布に照らして，計算された値がどの程度の確率で起こるかを表す p 値が結果として表示される。
④p 値が設定した有意水準を下回っていたら帰無仮説を棄却して対立仮説を採択する。つまり，p 値が小さいほど，
　偶然には起こりにくいことを意味する。

巻末注 9
Excel の NORM.DIST 関数を活用して平均 0 標準偏差 1 の正規分布の概形を下図のように書くことができる。形状の
特徴を言うなら，下図のように左右対称，山の頂が 1 つで平均値・中央値・最頻値が一致する，などが挙げられる。

巻末注 10
Q-Q プロットは 2 つの分布を比較して，データがどの位置に分布しているかを知るための数値をグラフ化したもの。
データが正規分布に従うかどうかを知りたい場合は縦軸にデータが正規分布に従う場合の期待値をとり，実際のデー
タの値を横軸に取ったグラフとなる。

巻末注 11
平均値の検定や分散の検定で使う場合，自由度は人数と密接に関係してくる。

巻末注12
課題1の答え：A-f，B-c，C-d，D-b，E-e，F-a
A，B，Fは平均値・中央値・最頻値がほとんど同じことから，ゆがみのない分布である，a，c，fの可能性が高い。標準偏差と第1，第3四分位数から，A-f，B-c，F-aということが推測される。
Eは標準偏差が3.4である点と最頻値が1であることからeだと推測される。Eの中央値の5はeのヒストグラムに存在しない値だが，データの総数が偶数の場合は，真ん中2つのデータを足して割った値が中央値になることに留意しよう。
CとDは，平均値と第1，第3四分位数からC-d，D-bであることがわかる。

巻末注13
平均値⇒AVERAGE関数，中央値⇒MEDIAN関数，最頻値⇒MODE関数，標準偏差⇒STDEVPA関数でそれぞれ求まる。四分位数の求め方には諸説あり，QUARTILE.INCは範囲に0%と100%を含み，QUARTILE.EXEの場合は範囲に0%と100%を含まないという違いがある。母集団が大きくなれば，どちらもほぼ同じ値となるが，QUARTILE.EXCの方が第1四分位数は小さく，第3四分位数は大きくなる傾向がある。

巻末注14
範囲と条件は複数指定することが可能で，複数の条件を適用した場合，すべての条件に一致した個数が返ってくる。

巻末注15
Excelの「並べ替え」は表示する行数は変わらず，データ入力されたセルの順番が入れ替わる。一方，「オートフィルタ」は入力されたデータの順番は変わらず，対象となるセルだけが表示される。

巻末注16
相対参照を使うと，範囲指定も修正が必要になる。

巻末注17
最小桁で示す場合は「小数第○位まで有効」と表現する。有効桁数とも。平均値，中央値など分布の位置を表す統計量は「もとの測定データの精度＋1桁」。標準偏差は小数点以下3位まで（平均値と同じ精度を取ることが多い）。比率を%で表す場合には，小数点以下1位まで。カイ二乗値，t値，F値などの検定統計量は，小数点以下3位まで示すのが一般的である。

第3章

巻末注1
3グループにt検定を繰り返し使うと，3回のt検定が必要になる。個々のt検定を5%の有意水準で判断し，1組でも差があれば全体として差があると判断するなら，最終判断は5%の有意水準で行ったとは言えない。宝くじを1枚買った時に当たる確率と，たくさん買った中の1枚が当たる確率が異なるのと似ている。

巻末注2
差があれば散らばりが生じる。散らばりの代表的な原因は誤差である。しかし，男女差や指導法の差を想定するという場合は，誤差とは異なる原因で散らばりが生ずると考える。そこで，散らばりの原因は全て誤差であると考える場合と，さまざまな原因による差の積み重ねで散らばりが生ずるという場合で，どちらが確からしいかを検証するのが分散分析である。

巻末注3
学習者の「適性（例えば瞬発力）」と「処遇（＝指導法）」は組み合わせ（つまり交互作用）によって学習効果が異なるという考えである。アメリカの教育心理学者クロンバックが提唱した。

巻末注4
Excelで，「ファイル→オプション→アドイン」を選択すると，アドインの表示と管理ができる。一番下にある管理でExcelアドインを選び，設定ボタンをおすと，利用可能なアドインが表示されるので，分析ツールをオンにする。すると，データタブで「データ分析」が選択できるようになり，一元配置または二次元配置の分散分析が実行できる。

第 4 章

巻末注 1
質的変数を回帰分析に使う工夫として，ダミー変数を使うという方法がある。曜日の変数を「○曜日か」という 6 つの変数に分解し，○曜日なら 1，そうでなければ 0 とする（日曜日はどの変数においても 0 とする）。ただし，回帰分析の結果を解釈する時は，説明変数の間に相関関係が無いのが望ましいが，○曜日なら×曜日ではないという関係があるので，ダミー変数を使う方法は注意が必要である。

巻末注 2
おもりをつるしたバネの長さを測定すると，おもりの重さとバネの長さは直線的な関係になる。ただし，測定には誤差があるので，測定データは一直線上には乗らない。このような時に最小二乗法を使って直線を決めることができる。

巻末注 3
例えば，強い相関関係にある説明変数の一方の標準偏回帰係数が非常に大きく，他方が小さく（場合によっては負に）なったりする。

巻末注 4
サンプル数（例：分析対象となる対象者数）が同じだった場合，説明変数の数が多くなるほど，決定係数の値が見かけ上大きくなる。このような決定係数が，実際の予測精度を反映せず見かけ上大きくなってしまう傾向を修正する指標を自由度調整済み決定係数という。

巻末注 5
サンプル数（例：分析対象となる対象者数）が同じだった場合，説明変数の数が多くなるほど，決定係数の値が見かけ上，大きくなる。サンプル数が説明変数の数より多いという条件を満たさない場合，決定係数が 1 に近いとしても，予測精度が高いことを意味しない。

巻末注 6
性別：名義尺度
男子を 1，女子を 2 に割り振っているが，これはグループの違いを示すために任意の数字を割り当てたものであり，この数字の大きさに意味はない。
今年のスポーツテストの総合点・新指導法の受講回数・身長・従来の指導法の受講時間：比率尺度
いずれの変数も 0 はなにもないことを意味している。

巻末注 7
回帰式，$\hat{y} = 49.04 + 3.00x$ の x の部分に新しい指導法の受講回数を代入することで，テストの得点の予測値（$\hat{y}$）を算出できる。例えば，1 回受講した時と，3 回受講した時，それぞれの得点の予測値を算出したところ，それぞれ 52.04 点，58.04 点となった。

巻末注 8
偏回帰係数の有意性検定では，「偏回帰係数が 0 である」という帰無仮説を検定している。有意であった場合，「偏回帰係数が 0 である」という帰無仮説が棄却され，その説明変数が目的変数に及ぼす統計的に意味のある影響力を持つことを意味する。

巻末注 9
重回帰分析を行えば必ず因果関係が分かるとは限らない。今回は，目的変数の測定時（スポーツテストの実施）よりも時間的に先行する要因（新しい指導法の受講回数，従来の指導法の受講時間）を説明変数に投入したため，説明変数が原因で，目的変数が結果になると解釈することができる。しかしながら，時間的に先行しているとはいいがたい変数を入れて重回帰分析を実施した場合，説明変数が目的変数に及ぼす有意な効果があったとしても説明変数が原因で目的変数という結果が生じたという結論を導き出すことはできない。なぜならば，逆の因果関係が存在する可能性があるからである。

巻末注 10
指導法受講前のスポーツテストの得点，指導法の受講回数を説明変数に投入，指導法受講後のスポーツテストの得点を目的変数に投入することで，受講前の得点の影響を取り除いた分析を行うことができる。得られた受講回数の偏回帰係数は，受講前のスポーツテストの得点が同じだと仮定した場合に，1 回受講を増やすごとに総合点を何点増やす効果があるのかを示している。

第5章

巻末注1
各主成分に対する各変数の重み（係数）を求める際は，変数間の共分散または相関関係をより少ない主成分で説明できるようにという基準を設定し，数学的に解く。

巻末注2
工学系では製品の特性の分析，医学系では薬に関する分析，福祉系では健康意識と行動の分析，マーケティングでは競合企業のブランドイメージの分析や新商品の開発など，さまざまな分野で活用されている。

巻末注3
少数の観測データから多くの係数の値を推定するのは数学的に問題がある。そこで，一般には，データ数（回答者数）は項目数の5〜10倍以上あるのが望ましいとされる。

巻末注4
相関行列とは，変数相互の相関係数を行列で表す表であり，対角成分は1，非対角成分は−1以上1以下となる。共分散行列とは，変数相互の分散と共分散を行列で表した表であり，対角成分は分散，非対角成分は共分散となる。どちらも対称行列である。

巻末注5
目安として，平均値±標準偏差が「その変数のとりうる値の最小値・最大値」を超える場合は，天井効果やフロア効果について検討する。

巻末注6
分散が大きく他の変数と相関の低い変数は，測定対象によって値がばらつき，他の変数とは異なる特徴を捉えているという点で好ましい。主成分分析ではそのような変数群を順番に求める。これを数学的に定式化すると，共分散（または相関）行列の固有値というものを求める作業になる。

巻末注7
各測定値に対して，共通因子で説明できる指標。0〜1の値を取る。1から共通性を引いた値が独自性。共通性が小さいと共通因子の影響力は少なく，独自因子の影響力が大きいことを表す。
Rでは，Uniquenessesとして「独自性」の値が算出される。

巻末注8
主成分分析は，分散最大化と相互に無相関という基準で新たな主成分（軸）を決めるので，求めた主成分（軸）を回転することはない。

巻末注9
負荷量は−1〜+1の値を取る。プラスは「あてはまる」が多く，マイナスは「あてはまらない」が多い解釈。
Rの表記
Loading Factor：因子負荷量
SS loading：因子寄与
Propotion Var：因子寄与率
Cumulative Var：累積寄与率
因子寄与率：負荷量の2乗和（因子寄与）を変数の数で割った値。
累積寄与率：因子寄与率を合計した値。因子数により，全体のどの程度を説明しているのかを表している。

巻末注10
信頼性係数は，各因子内の説明力を表しているため，その後の分析で，全体の項目に因子負荷量を元にした重みづけをして計算する因子得点を利用する場合は，信頼性係数の算出はしなくてよい。

巻末注11
因子得点は，個人がそれぞれの因子の特徴をどれくらい持っているかを表す指標で，計算方法は複数あるが，重み係数を推定し，個人の各項目の標準化（平均0，分散1）された得点をかけて算出する。下位尺度得点は，個人の各因子に高い負荷量を示した項目の素点を合計，または平均値を算出する。

巻末注 12
総務省統計局には，地理的データ，経済指標などの観測されたデータや，内閣支持率調査や国勢調査などの大規模な意識調査などのデータが公開されている。

巻末注 13
主成分分析の合成変数は，すべての変数の分散が一番大きくなるように，情報を一番多く説明できる軸を計算している。それが第 1 主成分となる。その第 1 主成分で説明できなった情報，つまり残った情報から，第 2 主成分となる直角の軸を計算する。

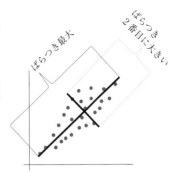

あくまでも，この選ばれた変数の中での分散であり，他の変数を加えると結果は異なる。第 1 主成分は総合得点にあたり，第 2 主成分は特徴的な要素が抽出される。

巻末注 14
固有値：p.4
初期解を計算するときに，固有値も算出される。固有値は項目数と同じ個数算出される。1 番目の因子が一番大きく，2 番目，3 番目と値が小さくなる。固有値の値が大きいほど，その因子と分析に用いた変数群との関係が強いことを表し，その因子への寄与率（影響の度合い）が高いことを表す。

巻末注 15
回転をした場合は，報告書やレポートには，回転後の因子負荷量の表があればよい。因子負荷量の絶対値で各因子の中で大きい順に並べ換えて表を作成すると解釈しやすい。

第 6 章

巻末注 1
ユークリッド距離は三平方の定理を用いた距離の求め方である。

巻末注 2
ユークリッド距離がどの方向への距離に対しても数値が変わらないのに対し，マハラノビスの汎距離は相関関係を考慮した上で，データが中心点からどのくらい離れているかを示す。

第 7 章

巻末注 1
SD 法（Semantic Differential 法）は，概念（対象）に対して人が抱く意味を定量的に測定していくために，1950 年代アメリカの心理学者オスグッド（Osgood, C.）によって考案された手法である。その後，ものやことに対するイメージの測定方法として広く使われるようになった（内山・佐々木，2015）。反対の意味を持つ形容詞を尺度の両端に置いた評定尺度（通常は項目とよぶが，SD 法では尺度とよぶ），たとえば「暗い－明るい」などを多数提示し，評価する対象をみて「非常に－やや－どちらともいえない」といったような 5 あるいは 7 段階で評価を付けてもらう。
内山久雄・佐々木葉（2015）ゼロから学ぶ土木の基本　景観とデザイン　オーム社

巻末注 2
SD 法では，複数の形容詞対の尺度を用いて対象を評価してもらった結果を基に，形容詞対の平均値を求め，全形容詞に同様の処理を行うことによって，対象となる概念のプロフィールを描き，刺激対象の感情的意味（印象）がどのようにとらえられているのかをその形から判断する（市原，2009）のが一般的である。プロフィールはプロフィール曲線（内山・佐々木，2015）やセマンティックプロフィール（市原，2009）などとも呼ばれる。
市原 茂（2009）セマンティック・ディファレンシャル法（SD 法）の可能性と今後の課題　人間工学，45（5），263-269。
内山久雄・佐々木葉（2015）ゼロから学ぶ土木の基本　景観とデザイン　オーム社

巻末注 3
豊田（1998）は「予測変数の数が増えると当該予測変数以外の予測変数の値を一定にしたという条件が，実質科学的に無意味になることが多く，偏回帰係数を解釈することが目的である場合には，予測変数の数は少ない方がよい。可能であれば 2 つまでに止めることが望ましい」（p.42）としている。
豊田秀樹（1998）共分散構造分析〈入門編〉　構造方程式モデリング　朝倉書店

巻末注 4
ここでは，主成分分析＋重回帰分析の代替案を紹介しているが，目標 1 で行ったように SD 法の評価尺度 15 項目に共通因子を仮定して因子分析を行い，因子を説明変数として重回帰分析を行うことも可能である。測定方程式と構造方程式を統合した構造方程式モデリング（Structural Equation Model with latent variable：SEM）を用いれば因子得点を用いずに分析可能である。興味のある方は豊田（1998）等で学んでみてほしい。
豊田秀樹（1998）共分散構造分析〈入門編〉構造方程式モデリング　朝倉書店

巻末注 5
豊田（1998）は「(1)予測変数間の相関が非常に高い，(2)予測変数と基準変数の相関がいずれも高くない，(3)常識では考えられないほど重相関が高い，(4)偏相関係数の絶対値が大きい，という状態が見られたら多重共線が生じていると判断し，分析結果を解釈することはあきらめる」（p.48）としている。
豊田秀樹（1998）共分散構造分析〈入門編〉構造方程式モデリング　朝倉書店

巻末注 6
3 相データの因子分析については，村上（2008）にわかりやすくまとめられている。3 相データを扱う読者はぜひ読んでみてほしい。
村上 隆（2008）3 相データの因子分析 繁桝算男・柳井晴夫・森敏昭（編著）Q&A で知る統計データ解析：DOs and DON'Ts 第 2 版（pp.147-149）　サイエンス社

巻末注 7
3 相データをそのまま扱うことのできる分析手法として多層モデル（Bentler, Poon & Lee, 1988），直積モデル（Verhees & Wansbeek, 1990），PARAFAC モデル（Harshman & Lundy, 1984），探索的ポジショニング分析モデル（豊田, 2001）などもある。発展的な内容になるため本書では紹介していないが，興味のある方は文献等で学んでみてほしい。
Bentler, P. M., Poon, W. Y., & Lee, S. Y. (1988). Generalized multimode latent variable models: Implementation by standard programs. *Computational Statistics & Data Analysis*, 7(2), 107-118.
Harshman, R. A. & Lundy, M. E. (1984). Data preprocessing and the extended PARAFAC model. *Research Methods for Multi-mode Data Analysis.*, 216-284.
豊田秀樹（2001）探索的ポジショニング分析 セマンティック・デファレンシャルデータのため 3 相多変量解析法, 心理学研究, 72(3), 213-218.
Verhees, J., & Wansbeek, T. J. (1990). A multimode direct product model for covariance structure analysis. *British Journal of Mathematical and Statistical Psychology*, 43(2), 231-240.

巻末注 8
写真内の物理量は写真編集用ソフト Photoshop を用いて，撮影したデジタル写真から算出している。天井高と通路の幅は，写真撮影時に置いた基準の棒の長さから計算している。Red, Green, Blue は写真の色味を表す RGB（光の三原色）の照度の値を示している。照度の範囲は 0〜255 で値が小さいほど暗く（その色味が弱く）大きいほど明るい（その色味が強い）。広告の量は，写真中の広告の部分が占めるピクセル値を示している。ピクセル（pixel）は画素とも呼ばれ，デジタル画像を構成する最小の要素のこと。写真 1〜10 はいずれも写真全体は 237,586 ピクセルである。

巻末注 9
統計的仮説検定を可能にするために 50〜100 枚の写真を 1 人の調査協力者に評定してもらうのは現実的ではない。この場合，概念（写真）を 10 か 20 程度に分けて，それぞれ 20 人程度の別の調査協力者に評定してもらい，その平均値をデータとするというという方法もある。この際には，概念の分類や調査協力者の構成に大きな偏りがでないように注意は必要である（村上，2008）。また，やみくもに写真の数を増やすのではなく，「広告の量」など 1 つの構成要素にしぼって，同じ場所の写真を用いて，広告の量だけを変化させた刺激を 3〜5 種類程度作成し，SD 法を用いて評価してもらい，結果を一要因分散分析（被験者内）で分析するなどの方法も考えられる。
村上 隆（2008）3 相データの因子分析 繁桝算男・柳井晴夫・森敏昭（編著）Q&A で知る統計データ解析：DOs and DON'Ts 第 2 版（pp.147-149）　サイエンス社

巻末注 10
オスグッドらは SD 法と因子分析の手法を用いた意味研究，コミュニケーション研究において，Evaluation：評価性因子，Potency：力量性因子，Activity 活動性因子の 3 因子が一般性を持つとしている（岩下，1983）。現在 SD 法は元来の意味研究の枠を超えて様々な分野で適用されており，因子分析の結果は評価尺度の数や内容によっても影響をうける。実施に際しては，目的に応じて，当該分野の先行研究等を参考にして適切な形容詞対を用いることが必要である。
岩下豊彦（1983）SD 法によるイメージの測定：その理解と実施の手引　川島書店

●本書の関連データが web サイトからダウンロードできます。

https://www.jikkyo.co.jp/download/ で

「問題解決のためのデータサイエンス入門」を検索してください。

提供データ：実習向け統計データ

■監修　松田稔樹　東京工業大学リベラルアーツ研究教育院教授
　　　　　　　　　江戸川大学情報教育研究所客員教授

　　　　萩生田伸子　埼玉大学教育学部准教授

■編修　玉田和恵　江戸川大学メディアコミュニケーション学部教授

■執筆　竹村徳倫　東京工業大学環境・社会理工学院博士課程（1章）
　　　　　　　　　江戸川大学特別講師

　　　　山口敏和　江戸川大学メディアコミュニケーション学部准教授（2章）

　　　　栗山直子　東京工業大学リベラルアーツ研究教育院助教（3章）

　　　　松尾由美　江戸川大学メディアコミュニケーション学部講師（4章）

　　　　星名由美　埼玉大学 STEM 教育研究センター研究員（5章）
　　　　　　　　　日本女子大学／埼玉大学非常勤講師

　　　　神部順子　高松大学経営学部教授（6章）

　　　　岡田佳子　芝浦工業大学工学部土木工学科／教職課程准教授（7章）

　　　　久東光代　元日本女子大学人間社会学部心理学科准教授（コラム）

　　　　小杉直美　北翔大学教育文化学部教育学科教授（コラム）

　　　　小原裕二　江戸川大学メディアコミュニケーション学部講師（巻末資料）

（　）内は執筆箇所を示す

●表紙デザイン――鈴木美里
●本文基本デザイン――ディテール・ラボ
●組版データ作成――㈱四国写研

2021年10月25日　初版第1刷発行

問題解決のための
データサイエンス入門

●著作者　松田稔樹　ほか 12 名（別記）　　●発行所　実教出版株式会社
●発行者　小田良次　　　　　　　　　　　　　　　　　〒102-8377
●印刷所　中央印刷株式会社　　　　　　　　　　　　　東京都千代田区五番町 5 番地
　　　　　　　　　　　　　　　　　　　　　　　　　　電話［営　業］（03）3238-7765
　　　　　　　　　　　　　　　　　　　　　　　　　　　　［企画開発］（03）3238-7751
　無断複写・転載を禁ず　　　　　　　　　　　　　　　　　［総　務］（03）3238-7700
　　　　　　　　　　　　　　　　　　　　　　　　　　https://www.jikkyo.co.jp/

T.Matsuda

ISBN　978-4-407-34952-8　C3040　　　　　　　　　　　　　　　Printed in Japan